我比谁都相信，奋斗才能改变自己

何亚歌/编著

中国華僑出版社

图书在版编目（CIP）数据

我比谁都相信，奋斗才能改变自己 / 何亚歌编著.
—北京：中国华侨出版社，2016. 1
ISBN 978-7-5113-5934-6

Ⅰ. ①我… Ⅱ. ①何… Ⅲ. ①成功心理—通俗读物
Ⅳ. ①B848. 4-49

中国版本图书馆 CIP 数据核字（2016）第 003150 号

我比谁都相信，奋斗才能改变自己

编　　著 / 何亚歌
策划编辑 / 邓学之
责任编辑 / 文　喆
责任校对 / 孙　丽
封面设计 / 一个人 · 设计
经　　销 / 新华书店
开　　本 / 710 毫米×1000 毫米　1/16　印张/15　字数/193 千字
印　　刷 / 北京中印联印务有限公司
版　　次 / 2016 年 3 月第 1 版　2016 年 3 月第 1 次印刷
书　　号 / ISBN 978-7-5113-5934-6
定　　价 / 28. 50 元

中国华侨出版社　北京市朝阳区静安里 26 号通成达大厦 3 层　邮编：100028
法律顾问：陈鹰律师事务所
编辑部：（010）64443056　64443979
发行部：（010）64443051　传真：（010）64439708
网　址：www. oveaschin. com
E-mail：oveaschin@ sina. com

序言
奋斗是为了让将来的自己更优秀

在写作《将来的你，一定会感谢现在拼命的自己》时，我曾经说过这样一句话——要么去死，要么精彩地活着！这句话的目的是为了强调，活在当下，为活得精彩而奋斗是我们的选择。看了《我比谁都相信，奋斗才能改变自己》书稿，我更深刻体会到了这句话的含义：对有些人而言，奋斗是为了活得精彩；对有些人而言，奋斗是为了让爱你的人感到骄傲；而对一些不满目前生活状况的人而言，奋斗是为了改变自己的命运。而在当下的中国，我认为后一部分人是大多数。因此，我看到这部书稿时有些感动。

和大家一样，为了让将来的自己更优秀，我也正在奋斗着，也是奋斗能改变命运的信奉者。

对于每一个生命来说，你要想看到明天的阳光，今天的你必须得活着；对于每一个人来说，你要想看到明天更灿烂的阳光，今年的你必须奋斗着。因为你明天怎么样，取决于你今天怎么样，即今天的你浑浑噩噩，明天的你必将碌碌无为，今天的努力奋斗，明天的你必将收获丰硕。正因为如此，我创作了《将来的你，一定会感谢现在拼命的自己》，主张为了美好的将来，今天拼尽全力做得最好。如今，我蓦然发现，“我比谁都相信，奋斗才能改变自己”正是我那种主张的信念支撑。心灵如此相通，理想如此相同，我想不共鸣都不行。

说实话，我不是容易被感动的人，也不认识何亚歌女士，看了《我比谁都相信，奋斗才能改变自己》书稿有些感动，自己多少有些意外，但这是难以抹杀的事实。奋斗是为了让将来的自己更优秀。每个人都有奋斗的责任和权利。对于坚信奋斗能改变命运如此励志的理念，深受感动的我，怎么能独享呢？于是，我写下此序，真诚向广大读者朋友推荐，与大家分享那一份感动！

汤木

2015 年 9 月 3 日夜于北京

目录

Contents

第二章　坚定一个目标，并朝着那个方向努力去

有什么样的目标，就有什么样的人生。所有人都强烈地渴望登上成功的顶峰。因此，我们要明确自己的人生目标，坚定自己的人生目标，并为之付出艰辛的努力。只要你足够坚持，只要你足够努力，那么，总有一天你会梦想成真。

第三章　牵住情绪的线，让自己的世界充满阳光

成功者控制自己的情绪，失败者被自己的情绪所控制。快乐者做自己情绪的主人，悲伤者却是自己情绪的傀儡。我们为自己人生奋斗时，需要牢牢控制住自己的情绪，让自己的成功道路上减少不必要的羁绊，让自己追求成功的道路上多一些阳光，多享受一些人生的快乐。

第四章 打破思维的墙，你会发现自己大不一样

在奋斗过程中，我们不可避免地会遇到一些挫折和困难。此时我们需要坚持，但如果我们走进死胡同时，就没必要一条路走到底，应该适时停下来，转换思考的角度想一想出路。打破思维的墙后，你就会发现自己已经强大起来了，你会发现成功原来就在你身边。

第五章 将每一件事都做得尽善尽美

做事并不是十分困难，人人都在做，天天都在做，难的是只给自己一次机会，一下子做到位。如果我们能将每一件事都做得尽善尽美，我们就不知不觉地成功了。

第六章　每天充点电，人生从此改变

每天都进步一点点，它具有无穷的威力。别小看那微不足道的“一点点”，日积月累起来就绝不是一个小数目。很多时候，我们看不到一个小小的进步，但若干年后却会发现自己已经脱胎换骨。

第七章　总有一天，全世界都会为你鼓掌

或许你现在很不起眼，或许你现在正遭遇挫折，但只要你有梦想，只要你一直为梦想去奋斗，总有一天，美好的日子将会属于你，鲜花和掌声都将属于你。

第八章 未来的你，必将感谢现在永不放弃的自己

每一个伟大的人物都要经历一段磨砺。你现在的努力，都是为了将来成为更优秀的自己。或许目前很辛苦，或许目前很艰难，但你所付出的一切努力都具有巨大的价值，你所坚持的一切都是为了成就将来的自己。

第九章 梦想有多远大，你就该有多努力

有梦想的人，青春就不迷茫，人生就有奋斗方向，就有奋斗动力。人生奋斗的目的无不是为了将来有个更优秀的自己，而将来的你如何取决于现在的你怎么做。因此，你的梦想有多远大，你就应该有多努力。

第一章
没有人能帮你一辈子，你终归要自己去奋斗

在这个世界上获取成功不能靠别人，而是要靠自己的双手去争取。当你通过自己的辛苦劳动创造出惊人的价值时，便会感受到幸福。所以，我们每个人都要懂得依靠自己的力量去奋斗，去获取成功。

1. 永久的快乐，是自己的汗水浇灌出来的

付出不一定次次都会有收获，可是不付出却永远不会得到快乐与成功。默默地去付出，辛勤地去耕耘，总有一天你会达到自己的目标，会拥有属于自己的幸福。

有很多人或多或少都有这样的心理，想着不付出或付出很少就能够收获永久的快乐与幸福。总是期待着“天上掉馅饼”，这是根本就不可能的事情。要想过上好日子，那就得日复一日、年复一年去奋斗，去用汗水来浇灌。

“种瓜得瓜，种豆得豆”，这个道理大家可能都明白，但有些人总是爱羡慕那些获得成功的人，羡慕人家富裕的生活，羡慕人家开名车，住别墅，羡慕……他们从来没有想过这些美好生活的背后有多少的汗水和艰辛，从来没有想过这些美好生活是经过无数默默的付出才换来的。

付出不一定次次都会有收获，可是不付出却永远不会得到快乐与成功。默默地去付出，辛勤地去耕耘，总有一天你会达到自己的目标，会拥有属于自己的幸福。付出即使得不到收获，但是只要你努力去做了，将不会给人生留下太多的遗憾。

一家著名的房地产公司中年薪 100 万的销售主管给新招进来的销售人员上培训课。

销售主管并没有给他们讲什么枯燥的理论知识，他开门见山地问："你们知道我为什么可以拿 100 万年薪吗?"

这个敏感的话题显然吸引了大家的关注，他们开始窃窃私语。

"没有关系。你们尽管大胆地把自己认为可能的理由说出来。"销售主管鼓励他们说。

"因为你学历高!"

"我只有小学的学历。"

"因为你和公司的老总是亲戚。"

"可是，我并不知道他的妻子是谁。"

"因为你有销售的天分。"

销售主管听了摇了摇头，学员们把想到的一切理由都说了，仍然没有说中。他们怀疑销售主管是在和他们开玩笑。

看见学员们满脸的疑团，这位销售主管说起了自己的故事：

"我来北京的时候只有 18 岁。我们家很贫穷，因为我的父亲很早就死了。我们读不起书，只能读到小学。那时候，村里面的人都嘲笑我没有钱娶媳妇。说来好笑，为了争口气我才跑到北京来的。

"我发誓我一定要出人头地做出一番事业来。刚来这家公司的时候，规模还很小。我给他们免费发了三个月的传单，联系了一家客户才被录取的。做销售的，口齿要伶俐，可是我偏偏说不好普通话。曾经有好几次由于客户没听清楚我说的话而导致谈判失败。为了练好普通话，我每天含着小石块朗诵课文，力求发音准确。与此同时，我也开始练胆子。一有空时，我就跑到人多的地方，大声地喊出自己的名字，并说自己一定会成功。

“周围的人都以为我是疯子，但是为了工作我根本就顾不得那么多。胆子慢慢也有了，可是我缺乏经验。于是，我跑到西单图书大厦买来所有关于销售方面的书籍，一本一本地读。在客户方面，我的同事有的很轻松地就可以签下一笔业务。但是，我往往要联系十几个客户才能成功地签到一笔业务。为了谈判成功，我想尽办法获取客户的详细资料，有一次竟然遭到客户的殴打，说我窃取他的隐私……所以，我能有今天，是我付出了比别人多十倍的努力而换来的。我年薪拿 100 万，靠的就是两个字——勤奋！”

销售主管的故事讲完了，台下响起了一片热烈的掌声。

在这个故事中，销售主管取得了人生中巨大的成功，赢得了大家的认可。那么，他为什么能够取得辉煌的成就呢？那是因为他能够为自己树立一个远大的目标，并且为之进行不懈的努力。由此可见，生活中的成功与快乐，往往是要我们用汗水来浇灌的。倘若我们只是一味地做着美梦，而不将其付诸实际行动，那么一切将只会是没有任何意义的空谈。

很多时候，我们往往以为自己已经很努力，其实我们还不够努力，或者我们只是看起来很努力而已。我们没有付出足够的努力，又怎么会收获到鲜花和掌声呢？又怎么能体验到永久的快乐呢？因为，永久的快乐永远只能是自己创造的，是自己的汗水浇灌的，是在持续不断地努力奋斗取得的。即使有能呼风唤雨的父母把你安排到了一个显要的位置，如果你无法胜任，偶尔充当一下南郭先生罢了，因为你是无法真正让人敬服，无法真正自信骄傲起来的。

2. 奋斗的过程本身就是一种幸福体验

很多时候奋斗就是一种幸福的体验。在奋斗的过程中，我们时时刻刻地感受着因努力带来的喜悦感与成就感。

倘若幸福是一个可以不劳而获的东西，就不会有那么多人总是觉得自己过得不幸福，想过得幸福，你就必须勇敢地面对自己的人生，不抱怨，肯付出，要过得幸福，得先靠自己的努力才行。其实，很多时候奋斗就是一种幸福的体验。在奋斗的过程中，我们时时刻刻地感受着因努力带来的喜悦感与成就感。

昨天和秀芝聊天，她十分高兴地说，我们住进新房子了。特意拍照给我看，书房的照片墙上有我们大学宿舍的合照，窗台上一排绿植在明媚阳光下仍然青翠好看。

大学时，秀芝的床铺在我的对面。她曾无数次地对我说，毕业后一定要很快让自己的父母住上新房子。我一直以为她只是随便说说而已，因为那个时候北京的房价已经很高了，刚刚毕业的普通大学生的工资对于首付来说，简直就是杯水车薪。可是，让我没有想到的是她在两年后竟然真的兑现了自己的承诺。

秀芝的父亲在她初中时得了脑梗塞瘫痪在床，花了很多钱治疗，她母亲没有工作，原本便是低保户的家境更加雪上加霜。父亲生病期间，她有一个星期没去上学，回去之后发现班主任召集全班同学给她捐了款。正好隔天开家长会，秀芝上台发言，说了无数个谢谢，然后又把那些钱全部退了回去，看到这种情形台下很多大人都流下了感动的泪水。

秀芝说，从那之后她没再花过父母的钱。她从重点中学转学到了普通中学，因为那所学校不仅不收她学费还给了挺高的奖学金。上大学她申请了助学贷款，并且无时无刻不在打工。从每小时 30 元的家教到自己做各种各样的小生意。

当然了，做这些也没耽误她当学生会副主席，是全院 600 多个学生人人钦佩的“厉害的人”。无论做任何事情都任劳任怨，毕业前夕院里办毕业晚会，她熬了好几个通宵剪接视频，一点一点地做字幕，视频播放时那么多人感动流泪，她也坐在台下安静地看，但知道她辛劳的根本就没有几个人，而且她也只是默默地承受着却从来没有一句怨言。

从秀芝的身上，我们可以看到她在艰苦的环境里依然努力地去追求梦想的顽强精神。在为理想而奋斗的过程中，她应该是快乐而幸福的。当实现了一个又一个目标时，一个人的内心总会有一种成就感让你的自信心大增，让你更加从容而坚定地向着另外一个目标出发。在通往成功的大道上，我们总会遇到这样或者那样的失败与挫折，但是当你咬紧牙关挺过去的时候，你会发现过去的苦难将是一种无比美好的回忆。很多时候，我们应该学会在痛苦中寻找快乐，在奋斗中品尝幸福的滋味。

在现实生活中，田野中辛勤劳作的农民，会从沉甸甸的谷穗中享受快乐；车间里加班加点的工人，会从精美的产品中享受快乐；实验室内呕心沥血的科技人员，会从超越前人的科研成果中享受快乐；“执干戈以卫社稷”的革命军人，则会从人民幸福安宁的生活中享受快乐。

老一辈革命家谢觉哉曾说过这样一段话：“快乐是从艰苦中来的。只有经过劳作，经过奋斗得来的快乐才是真快乐，不可能有从天上掉下来一个快乐来给你享受。而且快乐常常不是要等到艰苦之后，而是即在艰苦之中。”

科学家霍金小时候的学习能力似乎并不强，他很晚才学会阅读，上学后在班级里的成绩从来没有进过前 10 名，而且因为作业总是非常不整洁，老师们觉得他真的是无可救药，同学们也把他当成嘲弄对象。

在霍金 12 岁时，他班上有两个男孩子用一袋糖果打赌，说他永远不能成才，同学们还带有讽刺意味地给他起了个外号叫“爱因斯坦”。可是让大家没有想到的是，二十年后当年毫不出众的小男孩真的成了物理界一位大师级人物。这究竟是什么原因呢？

原来，随着年龄渐长，霍金对万事万物如何运行开始感兴趣起来，他经常把东西拆散以追根究底，但在把它们恢复组装回去时，他却束手无策，不过，他的父母并没有因此而责罚他，他的父亲甚至给他担任起数学和物理学教练。

在十三四岁时，霍金发现自己对物理学方面的研究很有兴趣，虽然中学物理学太容易、太浅显，显得特别枯燥，但他认为这是最基础的科学，有望解决人们从何处来和为何在这里的问题。从此，霍金开始了真正的科学探索。

任何成功都是历经一些苦难与不幸，这是人类共同的规律。面对外界的嘲讽与冷漠，倔强的霍金并没有屈服，他没有太在意别人的眼光，而是非常勇敢地去按自己的想法走自己的道路。在成功的人生旅途中，他饱尝失败带给自己的痛苦，但是在奋斗的历程中他却时时享受着幸福与快乐。很多时候，当我们为某个理想而努力拼搏时，那么内心便是充实的，人生便是有价值的。因为奋斗令我们的生活充满生机，责任让我们的生命充满意义，压力让我们不断成长，成就让我们充满自豪！不必再抱怨生活的艰辛，要知道，奋斗也是人生的一种幸福。

3. 让青春见证你终生难忘的奋斗时光

青春时代是人生大放光彩的时代。即使你有百般不如意，万事不顺心，你可以有一种理由苦闷、埋怨，但却不能有一种理由放弃理想和追求，因为青春如此美丽，只要美丽的青春牢牢在握，希望就属于你，这个世界就属于你。

什么是奋斗？奋斗不是让你上刀山下火海，也不是让你头悬梁锥刺股。奋斗就是每天踏踏实实地过日子，尽心尽力地做好手中的每件小事，不拖拉、不抱怨、不偷懒、不推卸责任。每天一点一滴地努力，才能汇集起千万勇气，带着你的坚持，引领你到想要到的地方。

我们每个人都有自己的梦想，而梦想的实现是要靠自己去努力奋斗的。所以说，你一定要趁着年轻，努力，努力，再努力。因为你有的是年轻的热血，有的是健康的身体，有的是不断分裂的细胞。你必须不能浪费时间，不能从年轻的时候就开始养尊处优，只有你提前把知识、把能力都给自己培养好了，真正到了有机会的时候，你便能够施展自己的才能。这个时候，你的目标便能够很快变成现实。

在达成目标的过程中，我们都在为之付出辛劳与智慧。有付出就会有收获，当你赢取了成功的桂冠时，自然会感受到前所未有的喜悦。

当然，为了长远的事业，我们应该趁早为自己制定好人生的目标。然后，再一步步地通过长期努力去实现它。

小时候，孙一帆就有着许多异想天开的美梦，做钢琴家、乐队指挥、办摄影展、环游世界、出一本自己的书，等等。

从 17 岁开始，她用心追逐梦想，很快就兑现了梦想清单上的所有内容。在这一年，她以全额奖学金得主的身份考入新加坡国立大学。

在去学校报到之前，有一个月的时间，恰好钢琴考级也在一个月后进行，她想趁此机会，兑现梦想清单上的钢琴考级梦。

于是，爸爸专门从朋友家里去给心爱的女儿借来钢琴。在这一个月里，她除了每周去找老师学习两节课，其余时间都把自己锁在家里，每天练习 10 个小时，手腕受伤了，她抹红花油；指肚儿磨得钻心地疼，她缠上绷带继续苦练。功夫不负有心人，一个月后，她非常顺利地通过了十级考级，品尝到了圆梦的甜蜜。

进入新加坡国立大学之后，在学校举办的音乐会上，孙一帆被台上指挥家的丰姿绰约深深吸引，做乐队指挥的梦想又一次开始生根萌芽。经过她的再三请求，蓝老师决定让她参加乐团的排练。

从那天开始，她就经常去乐团参加排练，从曲目选编到舞美灯光，所有的环节都认真学习，而且能够虚心向老师求教指挥艺术。

在年末的学校汇报演出上，她面对座无虚席的观众，从容地指挥 100 多人的乐队倾情演奏，大获成功，终于圆了指挥梦。

孙一帆的故事时时警醒着我，她让人们看到了一个奋斗女孩拼命向上的美好姿态。每个人都曾经年轻过，我们都应该趁着年轻努力去做一番事业。而绝不是一味地沉迷于安逸的生活而不知进取，整天过着得过且过的日子，那么你的人生将不会有任何意义和价值。很多时候，我们完全可以趁早为自己树立人生的梦想，并且追随梦想的脚步不断向前，让美好的春春时光来见证你奋斗的艰苦历程。

其实，青春时代是人生大放光彩的时代。即使你有百般不如意，万事不顺心，你可以有一种理由苦闷、埋怨，但却不能有一种理由放弃理想和追求，因为青春如此美丽，只要美丽的青春牢牢在握，希望就属于你，这个世界就属于你。青春，需要奋斗！拥有青春，就拥有一份潇洒和活力，拥有青春，就有一份灿烂和辉煌！

所以，每一个有梦想的年轻人都应该下定决心去用自己的实际行动去验证自己的青春岁月，让自己活得更有价值，让人生变得更加有意义。

4. 活出你的本色：青春是为奋斗呐喊的

世界是美丽的，但似乎所有的美丽都会转瞬而逝。生命的意义在于过程，抓住瞬间消失的美丽，就是一种收获。时间像是一支弦上的箭，它是单向的，不能回头，所以我们要把握住现在，活出自己的精彩。

在这个世界上，每个人每天同样拥有 24 小时，有的人活得很惬意，有的人过得很苦恼。为什么同样的日子，会产生快乐与烦恼的不同感受呢？主要在于面对生活的态度不同。

有人曾这样说："倘若一个人能力要得到提升，就要活出自己。只有活出自己了，一个人的能力才能提升。"

那么，怎样才能让自己成为独一无二的人呢？很简单，就是要做真正的自己。我们每个人都要活出自己的本色，并且成为自己人生命运的主宰。

世界是美丽的，但似乎所有的美丽都会转瞬而逝。生命的意义在于过程，抓住瞬间消失的美丽，就是一种收获。时间像是一支弦上的箭，它是单向的，不能回头，所以我们要把握住现在，活出自己的精彩。

在一间办公室，年轻导演泰伦斯·马利克一边喝着咖啡，一边紧张地看着对面正在看剧本的投资人。为了能够为自己的新影片《天堂之日》筹集到足够的资金，泰伦斯·马利克已经向这个投资人劝说了很长一段时间。

投资人慢慢地翻看着剧本，而在一旁焦急等待着的泰伦斯·马利克的心脏早就快跳到嗓子眼儿了。时间像一只懒散的蜗牛一样爬得很慢，窗外叽叽喳喳的小鸟让人真是心烦到了极致。

就在这时，投资人忽然放下了手中的剧本，泰伦斯·马利克连忙放下手中的咖啡，向前倾了倾身体，等待着对方的意见。

"你的剧本真的很不错，可是你知道做电影投资，首先要考虑即将拍摄出来的电影能不能够赚钱。恕我直言，这个剧本恐怕很难有太好的票房收入，因为它根本就不是现在最流行的题材。"说着，投资人顿了顿，然后继续说道："而且虽然您拍了几部电影，可是要让我把这一大笔钱交给你这样的年轻人去拍电影，我还是难以放心。"

投资人说完，没有给泰伦斯·马利克继续劝说的时间，十分干脆地将他请出了办公室。

泰伦斯·马利克拿着剧本离开了投资人之后，神情沮丧到了极点。最近，他已经找到了很多投资商，可是全都遭到了无情的拒绝，泰伦斯·马利克感觉自己都快支撑不下去了。黯然走在街上的他突然狠狠地将剧本摔在地上，仰起头，发出了一声无奈的叹息。

屋漏偏逢连雨夜，泰伦斯·马利克怎么也不曾料到一般支持自己的好朋友也不同意自己拍摄这个电影。为了让泰伦斯·马利克打消这个念头，好朋友专门开着车从另一个城市赶到了泰伦斯·马利克的家。

"你要想清楚，在好莱坞你只不过是一个刚刚崭露头角的小导演，这里只敬重成功者，一旦你这部投资很大的电影失败了，那么以后就很难再会有人给你投资了。”好朋友苦口婆心地劝着泰伦斯·马利克。

那天夜里，送走了好朋友之后，泰伦斯·马利克独自一个人望着星辰闪烁的夜空长时间地发着呆。一边是投资失败之后的巨大压力，一边是自己极其喜欢的题材，这种两难的选择让他实在难以做出决定。

想了大半夜之后，泰伦斯·马利克忽然挥了挥拳头，像是下了非常大的决心。第二天一大早，泰伦斯·马利克又继续四处联络投资人，不断地向他们推荐着自己的电影题材。这一次，他已经破釜沉舟了，宁愿承担起失败的巨大风险，也要把这部电影拍成功。

功夫不负苦心人，经过不断努力，泰伦斯·马利克终于找来了投资。在随后的拍摄过程中，泰伦斯·马利克付出了巨大的心血。当影片上映之后，立刻引来了大家的一致好评。《天堂之日》的成功给泰伦斯·马利克带来了巨大的声望，他也一下子从一个名不见经传的小导演跻身成为好莱坞的一线导演。

后来，当有人问泰伦斯·马利克当时是如何顶住各方面压力将影片拍摄成功的，泰伦斯·马利克告诉对方：“年轻，就要去拼！倘若年轻的时候都因为害怕失败而裹足不前，那么这一辈子都不会活出自己的精彩!”

一直保持着这种斗志和热情的泰伦斯·马利克在后来的岁月里赢得了巨大的成功，在不久之前，他的新作《生命之树》更是获得了第64届戛纳最佳影片金棕榈大奖。

易卜生说：“人的第一天职是什么？答案很简单：做自己。”英国女作家弗吉尼亚·伍尔芙说：“成为自己比什么都要紧。”美国作家奥格曼狄诺在他的第二本成功专著《世界上最伟大的成功秘诀》里这样写道：

“没有人能取代你，认清这一点尽自己的所能，做好应做的事。你并没有义务一定要成功，你只有义务对自己诚实。”

然而在生活中，很多人常常身不由己或不自觉地将自己丢失了，而让金钱、虚伪等占据了自己纯洁如水的心灵。这种人活得很累，好像不是为自己活着，而是为别人活着。他们把人际关系看得过于复杂，太在意别人对自己的看法。这样无形中加重了自己的精神负担，甚至使自己感到沉闷压抑，无所适从，自然不能放开手脚，专心致志地做好工作。这种人总是小心翼翼地看别人脸色行事，为了迎合别人而掩饰自己的本性，刻意“包装”自己，违心地说话做事，该说的不敢说，该干的不敢干，该哭的却要笑，该笑的却要哭，本来赞成的却要装作反对，本来反对的硬要鼓掌欢迎——这岂不成了“两面人”，失去了原本的自我？为了得到别人的认同而牺牲自我，弄得自己面目全非，乃至自己都不认识自己了。其实，我们为什么不按真实的自我而活着，为什么非要那样自己折磨自己呢？在这个世界上，每个人都是独一无二的。别人如何看那是他们自己的事情，与我们没有多大关系，而我们怎样看待自己，才是最重要的。

因此，我们应该认清自己的需求，重新排列自己价值观的优先顺序，把自己摆在第一位，端正自己的心态，活出自己的本色，这样我们才能够做出属于自己的事业，这样我们才能够提高自己，获取人生的精彩。

5. 有人帮你要奋斗，没人帮你更需要去奋斗

我们常常会习惯性地依赖别人，去完成自己的工作，不想自己动手。久而久之，我们会变得不独立，需要依靠他人，不然就无法完成工作。我们必须学会靠自己的力量，不依赖他人，我们才能够在生活中取得独立，才能够掌握自己的人生。

在这个世界上每个人都渴望成功，每个人都希望自己的梦想能够变成现实。在通往成功的路途中，如果有贵人帮忙将是你莫大的幸福，但是很多时候成功要靠自己去争取，在没有人帮忙的情况下，你更要积极努力地去赢取梦想。

要知道，命运掌握在我们自己手中。我们到底要往什么方向前进都将由我们自己决定，这不是任何人能够插手的，我们成功与否都在于我们将会做出什么样的抉择。

有时候，成功除了努力，还需要些适当的机会，甚至是运气。但是并不是任何时候你都能够撞上好运气，任何时候你都能够有好机会。其实，成功的机会都是要靠自己去争取、去把握、去创造。机会绝对不是等来的，它需要靠我们用两只手去争取，不要等到机会从身边溜走才开

始去后悔。

我们常常会羡慕别人的好成绩，认为这是因为他们天资聪颖才能够取得好成绩，却从不深思为什么自己不能够像他们一样取得成功呢？他们之所以能够成功，最大的原因就是他们勤奋、努力。这是十分简单的道理，但能够真正做到勤奋不懒惰的人却寥寥无几。懒惰是人的天性，能够克服自己的惰性，就已经向成功迈进一步了。

倘若你想获取成功，那么就必须付出努力。就像站在台上的名人，在你的眼中，他们看起来是多么的耀眼，似乎成功对他们来说是件非常容易的事情。不过你可曾想过，他们在成功前所经历的痛苦，所付出的努力，是我们一般人所不能够了解的。他们并不比我们聪明，只是他们比平常人付出成倍的努力，所以才能拥有成功。所有成功的伟大人物，无不是经历了艰难险阻后，靠自身的力量，在史册上留下光耀千秋万世的功勋。

有些人往往会在失败后就一蹶不振，这是最让人不齿的事情了。在攀登人生高峰的历程中，跌倒是每个人都会遇到的。跌倒并不痛，痛的是我们跌倒后永远不会再次站起来。倘若在跌倒时，仅仅只是因为一点疼痛就放弃了，那么我们之前所做的任何努力都将化为泡影。相反，倘若我们能够在跌倒后，在逆境中勇敢地站起来，坚持努力地走下去，那么我们将会离成功越来越近。没有人能够轻轻松松地成功，能够让我们成功的，只有努力和坚持。失败了要学会振作，要靠我们自己的意志力；遇上阻碍自己成功的绊脚石，要靠自己的智慧去除。

我们常常会习惯性地依赖别人，去完成自己的工作，不想自己动手。久而久之，我们会变得不独立，需要依靠他人，不然就无法完成工作。我们必须学会靠自己的力量，不依赖他人，我们才能够在生活中取得独立，才能够掌握自己的人生。

在这个世界上，成功之门要靠自己去打开。请相信，成功永远是要靠自己创造。对我们每个人来说，很多成功的门都是虚掩着的，你只要不被眼前的森严吓倒，勇敢地走进去，也许呈现在你面前的将会是一个开阔的新天地。

没有什么人天生就是幸运的，幸运要靠自己去争取、去经营。选择什么样的路，其实就是选择什么样的生活。

实际上，不管现实生活怎样，我们每一个人都不应怨天尤人，不要总觉得这个世界对不起你，不要总觉得别人有负于你。生活对每个人都是公平的，有顺境有逆境，有成功也有失败。纵使极少数人一出生就拿到一副好牌，但倘若他不善经营把握，到头来面对的只会是人生的残局；纵使你运气不佳天生拿到的是一副烂牌，但你人生的牌局也未必会输。生活对每个人都是公平的，有顺境也有逆境，有成功也有失败。

诗人荷马是个盲人，海伦失聪、失明，比谁的牌都糟，但他们没有输。作为普通的常人，更不应埋怨生活的不公，只要你有足够的耐心、恒心和毅力让自己与环境一起进步提高；只要你给自己足够成长的空间，让自己变得足够优秀，生活自然会对你笑靥如花。

事实上，生活中的每个人都应该好好地修炼提升自己，使自己具备获得幸福的能力。毕竟，好的人生棋局，一般都是要靠自己步步为营，努力去争取；幸福的生活，靠自己用心去经营。

6. 靠自己一步步奋斗来的人生最有价值

只有拼搏，永远都充满希望，只有奋斗，才会拥有一个精彩的人生。即便是因此吃了无数的苦，但换来的经验和历程，都是值得的、幸福的。在奋斗的历程中，每个人都只有靠自己的力量一步步地走向成功。

有些人能够得到自己追求的东西，经常都只是因为他们撑得够久。所以，不要太早地放弃是一件极其重要的事情。

当然，一个人想成功，除了人际关系之外，更重要的是要有自己的主见和想法，做自己命运的主人，靠自己的脑袋与努力去打拼事业，靠自己的双脚走出一片天地。人际关系靠的是别人的帮助，而自己的能力则只能靠自己，靠别人不一定能够行得通，但是靠自己却能够完全掌握。

许多人一遇到困难，就想求助他人，但他们却忘记了帮助这件事要尽量顺水推舟，而不是把重点放在别人身上。

所谓的顺水推舟意思是自己先完成 90%，自己无法完成的剩下10%再请求别人帮助，许多人却将顺序弄反了，一开始都还没做出点成绩来，就希望别人替自己大力相助，毕竟每个人都要去做自己的工作，老是依靠别人帮助，时间久了就会惹起别人的反感。我们真正需要请求别人帮助的，都应该尽量是自己无法独自完成的事。

俗话说得好，当我们不管做任何事情都得依靠自己，最后会发现，会有许多人主动来帮助自己，事情往往就是这么奇妙。

当我们努力做出一番成绩来，那些感动的、欣赏我们的、被我们的努力打动的，就会主动提出想帮忙的要求。

毕竟，每个人都喜欢帮忙很努力的人，因为这个帮助对于他们来说，可能只是个小忙，由于已经完成了90%左右，剩下的10%对他们也不会造成太大的困难。

认清事实吧，凡事只想靠别人帮助的，大部分都不会成功，我们真正应该塑造的，是因为别人的帮助后，他们觉得我们会因此成功，所以他们的帮助才显得重要，而不是琐碎的小事也要求别人的帮助。

靠自己的努力，即使失败了，也有机会找出原因、从中学习，并且致力于下一次的成功，但凡事靠别人的帮助，最后若失败了，可能连失败的原因都无法弄清楚。

从前，有一个乞丐来到一个庭院，向女主人乞讨。这个乞丐看上去很可怜，他的右手连同整条手臂都断掉了，空空的袖子晃荡着，让人看了都会顿生同情与怜悯。可是女主人毫不客气地指着门前一堆砖对乞丐说："你帮我把这砖搬到屋后去吧。"

乞丐听了，很生气地说："我只有一只手，你还忍心叫我搬砖。这不是欺负人吗？"

女主人并不生气，俯身搬起砖来。她故意只用一只手搬了一趟说："你看，并不是非要两只手才能干活。我能干，你为什么不能干呢？"

乞丐怔住了，他用异样的目光看着妇人。他终于俯下身子，用他那唯一的一只手搬起砖来，一次只能搬两块。他整整搬了两个小时，才把砖搬完，累得气喘如牛，脸上还有很多灰尘。

这个时候，妇人递给乞丐一条雪白的毛巾。乞丐用手巾很仔细地把脸和脖子擦一遍，白毛巾变成了黑毛巾。

妇人又递给乞丐 20 元钱。乞丐接过钱，十分感激地说："谢谢你。"

妇人说："你不用谢我，这是你自己凭力气挣的工钱。"

乞丐说："我永远都会记得你的恩情的，这条毛巾也留给我作纪念吧。"说完那人深深地鞠了一躬，就上路了。

过了很多天，又有一个乞丐来到这个庭院。那妇人把乞丐引到屋后，指着砖堆对他说："把砖搬到屋前就给你 20 元钱。"这位双手健全的乞丐却十分鄙夷地走开了。

妇人的孩子不解地问妈妈："上次你叫乞丐把砖从屋前搬到屋后，这次你又叫乞丐把砖从屋后搬到屋前。你到底想把砖放在屋后，还是放在屋前？"

母亲对他说："砖放在屋前和放在屋后都一样，可搬不搬对乞丐来说可就不一样了。"此后还来过几个乞丐，那堆砖也就在屋前屋后来回了几趟。

很多年过去了，一个很体面的人来到这个庭院。他西装革履，气度不凡，跟那些自信、自重的人士一模一样，美中不足的是，这人只有一只左手，后边是一条空空的衣袖，一荡一荡的。

来人俯下身用一只独手拉住已经有些老态的女主人，说："倘若没有你，我还是个乞丐，可是现在，我是一家公司的董事长。"

妇女已经记不起来是哪一位了，只是淡淡地说："这是你自己干出来的。”

独臂的董事长在城里买了房子，要把妇人和她的家人都接到城里去住，过好日子。

妇人说：“我们不能接受你的照顾。”

“为什么?”

“因为我们一家人个个都有两只手。”

董事长十分伤心地坚持着：“你让我知道了什么叫人，什么是人格，那房子是你教育我应得的工钱!”

妇人听了，微微一笑：“那你就把房子送给连一只手都没有的人吧。”

是的，所有的哲学家对人格的认同都是一致的：第一是劳动，第二是思考。可是，我们放眼望去，或者巡视周遭，是不是每个人都具备这两条基本品格呢?很多人都知道，在这个世界上获取成功不能靠别人，而是要靠自己的双手去争取。当你通过自己的辛苦劳动创造出惊人的价值时，便会感受到幸福。所以，我们每个人都要懂得依靠自己的力量去奋斗，去获取成功。

其实，人生就是奋斗，就是坚持，就是永不放弃。只有拼搏，永远都充满希望，只有奋斗，才会拥有一个精彩的人生。即便是因此吃了无数的苦，但换来的经验和历程，都是值得的、幸福的。在奋斗的历程中，每个人都只能靠自己的力量一步步地走向成功。

第二章

坚定一个目标，并朝着那个方向努力去

有什么样的目标，就有什么样的人生。所有人都强烈地渴望登上成功的顶峰。因此，我们要明确自己的人生目标，坚定自己的人生目标，并为之付出艰辛的努力。只要你足够坚持，只要你足够努力，那么，总有一天你会梦想成真。

1. 成功，就是实现一个有价值的目标

我们每个人都应该从现在开始制定自己的人生目标，从点滴做起，认真落实人生目标。抛弃那种无聊地重复着自己平庸的生活，努力去挖掘自己内在的潜力，激发自己的闪光点，相信最后的胜利一定会属于自己。

古人云："有志者，事竟成。"所谓志，就是指一个人为自己确立的"远大志向"，确立的人生目标。一个人如果失去了人生目标，就会不自觉地迷失前进的方向。确定了人生目标，你才能够选择正确的人生道路，才能够更好地掌握、控制自己的人生。

有了目标，人生就会变得充满意义，一切似乎清晰而明朗地摆在你的眼前。什么是你应该做的，什么是你不应该做的，到底为什么要去做，又为谁而做的，所有的要素都是那么明显而清晰。倘若你真正地做到了这一点，生活便会增添更多的活力与激情。与此同时，我们自身所具有的潜能便能够得到最大程度的发挥，从而为实现人生目标打下坚实的基础。

有人曾经做过这样一个试验：

让学生投掷竹圈，去套前面地上的圆柱。学生们第一个问题就是："该站在什么地方投掷呢?"实验者回答道："没有规定，由你自己选择。"学生们听后觉得十分奇怪，他们起初站在距圆柱很近的位置投掷，成功率很高。可投了几次之后，就觉得真的一点意思都没有，于是就自行退到比较远的位置上去。结果，命中率自然会大大降低。就这样一会儿靠前，一会儿靠后，学生们最终确定了最适当的位置，那就是投掷命中率约在50%左右的地方。

从这个实验中我们会得到一些启发：

人们固然盼望成功，但太容易得手的事情没有挑战性，即使成功，也不能给予人们以成就感。太困难的事完全没有成功的可能性，人们也不愿意因此浪费太多精力。只有拥有十足的把握时，人们才会全力以赴地去为目标而付诸行动。

或许，我们有时说出自己的人生目标时，大家都认为他是在做白日梦，甚至连亲人都可能不相信，但是，只要我们有梦想，并一步步地朝着目标努力，去实现一个阶段又一个阶段的目标，我们最终将会实现自己的梦想。

18岁时，他开始服兵役。他是一个好士兵，然而，为了实现自己渴望已久的梦想，他竟然擅离职守，翻过栅栏，前往德国参加欧洲先生的健美比赛。

这次冒险旅行有两个收获：他捧回了青年欧洲先生的奖杯，然后他就被关禁闭一星期。他用自己的行动证明了梦想是奇迹的源头，梦想越远大，成功也就会越远大。

大概二十几岁的时候，他获邀参加在美国纽约举行的国际健美健身联合会奥林匹亚先生争霸赛。他走路大摇大摆，而且始终坚信自己一定会是人们见过的体格最健壮的健美运动员。

但是，残酷的现实击败了他的美梦。失败的眼泪告诉他，要想实现自己的目标，他还要去学习很多东西。在接下来的比赛中，当其他健美运动员出去喝酒的时候，他还在自己的公寓里观看，上一届奥林匹亚先生得主，过去所做的健美表演影片。这一次，他会成为真正的健美之王。在此后的五年内，他一直蝉联这份桂冠。

他拍摄的第一部影片是《大力神在纽约》，出道的第三部影片《饥肠辘辘》为他带来了一座金球奖。然而，面对这些荣誉，他并没有一丝一毫的满足，他有人生更大的梦想，他常常对自己说，我并不在意自己是否会成为一名演员，我知道我将会成为一个明星，而且每个人都将会知道我的名字。

在他拍摄动作片《终结者》的时候，导演卡梅隆原本打算让他演英雄里斯，而不是终结者。他很希望自己能够饰演终结者，所以花了半个小时，主动接近卡梅隆，详细而又清晰地说出自己心中的梦想，即使卡梅隆略施小计想激怒他，以便他自动离开，但是他都没有想过要放弃自己的梦想。

最后，卡梅隆被他的讲解吸引住了，答应了他的要求。《终结者》使他受到电影生涯中前所未有的好评，让他跃升为一线国际影星行列。

当他在56岁的时候，他宣布参加加州州长竞选。他的夫人玛丽亚回忆说：当时除了我们两个，没有人能够觉察出他的潜力。此时此刻，所有的人都在嘲笑他的梦想。

他愈挫愈勇，毫不示弱，终于在竞选中大获全胜，当选加州州长，登上了他的梦想之巅。

更令人难以置信的是，2006年11月，60岁的他连任美国加州州长，此时的他单纯是为梦想打拼了。他扫视着台下为他欢呼的人群，情不自禁地说出一个词儿来：Fantastic!

他又说，我的美国同胞们，这是一个令我惊讶的时刻。试想一下，我从一个骨瘦如柴的奥地利男孩，成长为加利福尼亚州州长——这就是移民之梦，这就是美国之梦。

那么，这个人到底是谁呢？他就是心怀狂热梦想、做人做到极致的阿诺·施瓦辛格。

在庆祝施瓦辛格成功连任的现场，加利福尼亚州旗从政府大厦顶端垂直悬挂着，旗上那只州熊看上去好像在挑战重力法则，垂直地向上攀爬，它也在告诉人们：在这个世界上没有人能够阻止你去实现自己的目标，地球的重力也不能阻止你前进的脚步，只要你坚持自己心中的梦想，相信有一天你就能够取得成功与胜利。

在我们的身边，很多人的一生都在平庸中度过，尽管他们也在辛勤劳动，但是他们充其量也只能扮演无足轻重的次要角色，其根本原因在于他们缺乏真正的内动力。

社会的要求，别人的约束，使他们对待生活、工作还算尽责，却很少去想怎样才能够让自己的人生有彻底的改变。也就是说，处在金字塔底部的大多数人与处在金字塔顶部的少数人相比，差距就在于眼光的高度，在于人生的目标。

人们常说，有什么样的目标，就有什么样的人生。或许你觉得自己多么卑微，或者从事的工作多么微不足道，但是所有的人都强烈地渴望登上成功的顶峰，将自己摆在整个社会之中，认真地为自己定好人生的位子，明确自己的人生目标，并为之付出艰辛的努力，那么，总有一天你会梦想成真。

人生目标可分为长远目标和短期目标。倘若一个人没有长远目标，那么他的人生将是盲目的，一切的努力都将是徒劳无用的。但是，倘若一个人没有短期目标，他将不会知道自己每天要做什么，脚步不知道应该朝什么方向迈出。将人生的长远目标划分成一个个节点，就成了每一个时期的短期目标，仿佛人生的驿站。所有的短期目标都指向同一个方向，为长远目标做基础，这就是所有成功的人所遵循的公式。

“千里之行，始于足下”。即使有了目标，实现它也需要一个过程。大凡有所成就的人都是最有理想、最明智，也是最有毅力、最坚定的人。他们懂得一切的成功都不是一蹴而就的，都需要通过艰苦卓绝的努力，不断地改进和提高；大凡有所成就的人绝不会只以事情做完为满足，而且会要求自己一步步地做得更出色，要求自己去实现一个又一个阶段性目标，以获取更大的成功。

因此，我们每个人都应该从现在开始制定自己的人生目标，从点滴做起，认真落实人生目标。抛弃那种无聊地重复着自己平庸的生活，努力去挖掘自己内在的潜力，激发自己的闪光点，相信最后的胜利一定会属于自己。不管遇到什么困难挫折，终究会取得成功。所以，请为自己先确定一个明确的目标，然后为之去进行不懈的努力。

2. 为了实现梦想，你当务之急是找对方向

每个成功的人之所以能够实现人生的梦想，关键是他们在生命起程的那一刻就找准了自己前行的方向。尽管在通往梦想的道路上，会遇到各种各样的难以预料的挫折与磨难，但是因为有了方向即使再大的风雨也不能阻挡他们前行的勇气。

“没有比漫无目的地徘徊更令人无法忍受得了。”这是荷马史诗《奥德赛》中的一句至理名言。高尔夫球教练常常也这么说：“方向是最重要的。”

其实，人生何尝不是如此。然而在现实生活中，有很多的人都做着毫无方向的事情，过着漫无目的的生活。这种没有方向的人生一开始就注定了失败的命运。

人生并不是任何时候都需要坚强的毅力，毅力和坚持只有在正确的方向下才会有用。

在没有确定好方向时，毅力和坚持只会让人南辕北辙，输得更惨。大多数情况下，人更需要的是分辨方向的智慧。很多时候，我们付出了巨大的努力，可是成绩并不乐观，这就是弄错了方向。自己不擅长的事

情，想要做好它是非常困难的，所以在做事情之前一定要选对方向。

有一个年轻人，先后在慕尼黑和巴黎的美术学校学习画画。他靠卖自己的画为生。

有一天，他的一幅未署名的画，被他人误认为是毕加索的画而出高价买走。这件事给了他一个很大启发。于是，他开始大量地模仿毕加索的画，并且一模仿就是很多年。

很多年后，他一个人来到西班牙的一个小岛，他是多么渴望能够安顿下来，筑一个巢。他又拿起画笔，画了一些风景和肖像画，每幅都签上了自己的真名。

可是，这些画画得过于感伤，主题也不明确，所以并没有得到人们的认可。更不幸的是，政府查出他就是假画的制造者，由于考虑到他是一个流亡者，所以没有判他永久的驱逐，而只是给了他两个月的监禁。

这个人就是埃尔米尔·霍里。毋庸置疑，埃尔米尔有独特的天赋和才华，但是由于没有找准自己努力的方向，终于陷进泥淖，不能自拔，并且最终也难逃败露的命运。更令人惋惜的是，他在长时间模仿别人的过程中，渐渐地迷失了自己，再也画不出真正属于自己的作品了。

对人生而言，努力固然重要，但是更重要的则是选择努力的方向。

有一个年轻人，痴迷于写作。他每天笔耕不辍，用钢笔把稿件誊写得清清楚楚，寄给天南地北的杂志、报纸，然而，投出的稿子不是泥牛入海，就是只收到一纸不予采用的退稿信。他感到十分苦恼，拿着稿子去专门请教一位名作家。作家看了他的稿子，只说了一句话："你为什么不去练习书法呢?"

五年以后，他凭着自己出众的硬笔书法作品加入了省书法协会。

一粒种子的方向是冲出土壤，寻找阳光。而一条根的方向是伸向土层，汲取更多的水分。人生同样是如此，正确的方向往往让我们事半功倍，而错误的方向会让我们误入歧途，甚至误人一生。

对高尔夫球手来讲，方向就是门洞所在的位置，就是要击的下一个球；而对于人生而言，方向就是目标，就是在朝着长远目标的方向逐步实现、完成的一个个小目标。

耶鲁大学曾做过这样一项调查，在开始的时候，研究人员向参与调查的学生问了这样一个问题："你们有目标吗?"对于这个问题，只有10%的学生确认他们有目标。然后研究人员又问了学生第二个问题："假如你们有目标，那么，你们是否能够把自己的目标写下来了呢?"这次总共有 4%的学生的回答是肯定的。

许多年后，当耶鲁大学的研究人员在世界各地追访当年参与调查的学生时，他们发现，当年白纸黑字把自己人生目标写下来的那些人，无论从哪个方面来讲都远远超过另外一些没有这样做的同龄人。不说别的，这 4%的人所拥有的财富居然超过了余下 96%的人的总和。

上帝对于任何人来说都是公平的，它给予了我们每个人一样的天空、一样的阳光、--样的雨露、一样的每天 24 小时。每个成功的人之所以能够实现人生的梦想，关键是他们在生命起程的那一刻就找准了自己前行的方向。尽管在通往梦想的道路上，会遇到各种各样的难以预料的挫折与磨难，但是，因为有了方向即使再大的风雨也不能阻挡他们前行的勇气。

人生的方向，因人而异，各有不同。找准方向，是让我们根据自己的实际情况，确立一个合理的目标，而不是不切实际地空想；找准方向，我们才能在生命的征程中沿着轨迹稳步前行；找准方向，我们才能用一生的力量，实现最大的梦想。

当然，对自己充分认识，并不是一味着眼于现在，一切以现在的优势和劣势来选择将来的道路。

对自己起激发作用并决定个人价值信仰的内部力量，是更加有力的因素。倘若我们具有强烈的主动性、创造力，我们就可以突破障碍，克服令人难以置信的挫折，取得令人意想不到的成绩。

为什么有的人能够取得辉煌的成就呢？那是因为他们找到了适合自己的职业。凡是在事业上有所作为的人，都是能够胜任自己工作的人。即使是世界上最聪明的人，假如他们选择错了自己的人生目标，选择了一个自己能力无法胜任或一个没有经受任何训练的领域，他们很可能会因此而碌碌无为，一事无成。

一般来说，人生所迈出的关键一步往往难以逆转，一旦选择了某一职业，你就不能再次做出选择，这一决定也就成了一生的决定。

有人能够很快意识到这一点，发现自己的选择并不能够最大限度地实现人生价值，并不能够使自己的潜能和天赋得到最大程度的发展，从而及时地改变了自己的职业选择。

在许多知名作家当中，没有几个是科班出身的，大都是从小就对文学迷恋得如痴如醉。他们中的许多人曾经是工人、机关干部、科研人员，有的已经在某个岗位上做得相当出色。但是，他们非常明白自己的最佳潜质是什么。所以，只有果断地拨转自己的航程，最终才能够走向事业的成功。

正确地认识自我，对自己有一个正确的定位，是人生中最重要的事情。有些人一辈子忙忙碌碌，但到头来却一事无成。虽然并没有什么过错，但成就也寥寥无几。彻底反省一下自己，就会发现这归根到底还在于没有能够正确而且清楚地认识自己。

在漫漫人生道路上，艰苦跋涉固然是不可缺少的，但千万不要忽视了不断对自己进行总结和认识。一个有远见的人要懂得时时审视自己的缺陷与优势、成功与失败，将实现个人目标必须具备的品质和条件找出来，并不断地调整方向，从中找出一条最适合自己的人生方向。倘若你能够年复一年地这样做下去，肯定能够很快地找到那条通往成功的最佳途径。

3. 你的目标在哪里，就应该朝着那个方向努力

目标是一盏灯，它常常会照亮我们的人生道路，有了灯的指引，我们才不会迷失在人生的十字路口；目标就是目的地，没有目的地，我们将永远难以到达终点。一心向着自己目标前进的人，整个世界都给他让路。

一个人怎样给自己定位，将决定其一生成就的大小。志在顶峰的人不会落在平地，甘心做奴隶的人永远也不会成为主人。你可以长时间卖力工作，创意十足、聪明睿智、才华横溢、屡有洞见，甚至好运连连——可是，倘若你不能在创造的过程中为自己树立一个目标，不清楚自己的人生方向是什么，那么一切将会是徒劳无功。所以，你的目标在哪里，你就应该朝着那个方向努力。

有这样一个事例：

哈佛大学曾对一群智力、学历、环境等条件差不多的年轻人做了一个跟踪调查，调查结果显示：27%的人没有目标，60%的人目标模糊，10%的人有清晰但比较短期的目标，3%的人有清晰且长期的目标。

经过长时间的调查研究发现，他们的生活状况及分布现象都十分有

意思。那些占 3%有清晰长期目标的人，几十年来都在朝着同一个方向而努力。很多年后，他那些占 10%有清晰短期目标的人，大都生活在社会的中上层。他们的共同特点是，那些短期目标不断被达成，生活状态稳步上升，成为各行各业不可或缺的专业人士，如医生、律师、工程师、高级主管等。占 60%的目标模糊者，几乎都生活在社会的中下层，他们能够非常安稳地生活与工作，但是却不会有什么特别的成就。剩下的 27%是那些没有目标的人，他们几乎都生活在社会的最底层。他们的生活都过得不如意，常常失业，靠社会救济，并且常常都在抱怨他人，抱怨这个社会、这个世界。

从这个事例中，我们可以认识到目标对走向成功的巨大作用。人们常说“知足常乐”，殊不知，正是由于安于现状，我们才会不思进取，与一个个擦肩而过的机会错失交臂。

目标是一盏灯，它常常会照亮我们的人生道路，有了灯的指引，我们才不会迷失在人生的十字路口；目标就是目的地，没有目的地，我们将永远难以到达终点。一心向着自己目标前进的人，整个世界都给他让路。

说得很有道理，有什么样的目标就有什么样的人生。但问题的关键是，我们往往找不到自己的目标。因为很多人都在告诉我们应该做什么，这很容易使我们感到十分困惑。

人生漫漫，人海茫茫，我们每个人到底应该如何才能够找准自己的人生方向呢？

有位哲人说过，有什么样的目标就会有什么样的人生。你将自己定位成乞丐，你就是乞丐；当你定位于商人，你就是商人。

汽车大王福特从小就在头脑中构想能够在路上行走的机器，用来代替牲口和人力，而全家人都要他在农场做助手，但福特始终相信自己一定能够成为一名出色的机械师。

于是他用一年的时间完成别人要三年的机械师培训，随后他花两年多时间研究蒸汽原理，试图实现他的梦想，但没有成功。随后他又投入到汽油机研究上来，每天都梦想制造一部汽车。他的创意被发明家爱迪生所赏识，邀请他到底特律公司担任工程师。经过十年努力，他成功地制造了第一部汽车引擎。福特的成功，完全归功于他的正确定位和不懈努力。

吉姆在从商以前，曾是一家酒店的服务生，替客人搬行李、擦车。有一天，一辆豪华的劳斯莱斯轿车停在酒店门口，车主吩咐道："把车洗洗。"吉姆那时刚刚中学毕业，从来都没有见过如此漂亮的车子，不免心中有几分惊喜。

他边洗边欣赏这辆车，擦完后，忍不住拉开车门，想上去享受一番。这时，正巧领班走了出来，"你在干什么?"领班训斥道，"你不知道自己的身份和地位？你这种人一辈子也不配坐劳斯莱斯!"受辱的吉姆从此发誓："这一辈子我不但要坐上劳斯莱斯，还要拥有自己的劳斯莱斯!"这成了他人生的奋斗目标。很多年后，当他事业有成时，果然买了一辆劳斯莱斯轿车。倘若吉姆也像领班一样认定自己的命运，那么，也许今天他还在替人擦车、搬行李，最多做一个领班。人生的目标对一个人是何等重要啊!

在日常生活中，总有这样一些人：他们或因受宿命论的影响，凡事听天由命；或因性格懦弱，习惯依赖他人；或因缺失责任心，不敢承担责任；或因惰性太强，好逸恶劳；或因缺乏理想，浑浑噩噩……总之，他们没有找准人生的坐标，遇事逃避，不敢为人之先，不敢转变思路，而被一种消极心理所支配，甚至走向极端。

4. 只要有灯塔在，你的船就不会被大海淹没

心中拥有目标，能给人以生存的勇气，在艰难困苦之际，目标能赋予人们坚韧不拔的毅力。一个人拥有了具体的目标才能够减少不必要的挫折感，因为比起伟大的目标来说，人生途中的波折就显得微不足道了。

人生不能没有目标，如果没有目标，你就会像一只黑夜中找不到灯塔的航船，在茫茫大海中迷失了方向，只能随波逐流，达不到岸边，甚至会触礁而毁。而有了正确的目标，你这艘航船就会朝着它开足马力，乘风破浪，直到终点。

设定明确的目标，是所有成就的出发点。很多人之所以不能够获取成功，很大一部分的原因是因为他们没有为自己设定一个明确的奋斗目标，并且也从来没有踏出他们的第一步。社会无疑具有强大的同化作用，使得我们许多人都背离了人生的真谛，丧失了真情和本性。但是，唯有我们真正想要的才能够使内心得到满足。放弃了自身的愿望和需要，我们就会慢慢地变得麻木不仁，对任何事情都会无动于衷。

每个人都做过梦。真实的梦，睡眠中的梦，小时候在作文本上写下的梦想，与朋友闲聊时做的白日梦。然而，做梦的年龄过了之后，面对现实，为什么会有惆怅或失落？当然，最理想的是能够让自己美梦成真，虽然并不是所有的人都会如此，但是也并非做不到。

人一旦有梦想、有目标，自然就会为了实现它而发挥更大的心力，人生的光辉由此粲然可见。为什么呢？在为实现理想而奋斗的过程中，人生的乐趣昭然若揭，而生活就会更加的精力充沛，此时人类潜藏的能力才能够得到最大程度的发挥。经常有意识地创造出这样的情势，使人生更成功、更丰富且充满乐趣的原则，就是所谓的目标催化作用。

有一天清晨，浓浓大雾笼罩整个海岸，一位 34 岁的妇女，从海岸以西 34 公里的卡塔林纳岛上涉水下到太平洋中，开始向加州海岸游过去。这次，倘若她能够成功，她就是第一个游过这个海峡的妇女，这名妇女叫费罗伦丝·查德威克。

在这以前，她是从英法两边海岸游过英吉利海峡的第一个妇女。当时，雾很大，海水冻得她身体直发抖，她几乎看不到护送她的船。时间一分一秒地过去了，千千万万的人在电视上看着。

在以往这类渡游中，她的最大的困难不是疲劳，而是冰凉刺骨的水温。15 个钟头之后，她浑身冻得发麻又很累。她感觉自己一点劲都没有了时，就叫人把自己拉上船。

在另一条船上的她的母亲和教练都告诉她海岸已经很近了，叫她不要放弃。但她朝加州海岸望去，除了浓雾什么也不能够看清楚。几十分钟之后，人们将她拉上船。又过了几个钟头，她渐渐暖和了，这时她回忆起自己渡游的经历。她不假思索地对记者说：“说实在的，我不是为自己推脱，假如当时我看见陆地，我一定能够坚持下来。”人们拉她上船的地点，离加州海岸只有 800 米！

后来她说，令她半途而废的既不是疲劳，也不是寒冷，而是因为她在浓雾中根本看不到前方的目标。查德威克小姐一生就只有这一次没有坚持到底。两月后的一天，她成功地游过了这个海峡。她不但是第一位游过卡塔林纳海峡的女性，而且她以超出两个钟头的成绩打破了男子纪录。

从这个故事中，我们可以看出：查德威克是个游泳健将，她的目标是要游过卡塔林纳海峡，第一次漫游时，她找不到目标，看不到终点，因此她不得不放弃了，后来她凭借自己的勇气和能力，再次成功地达到了自己的目标。

心中拥有目标，能给人以生存的勇气，在艰难困苦之际，目标能赋予人们坚韧不拔的毅力。一个人拥有了具体的目标才能够减少不必要的挫折感，因为比起伟大的目标来说，人生途中的波折就显得微不足道了。因此，拥有科学的目标才可以使你的人生过得更加有意义和价值。

目标在一定程度上会加深必胜的把握。当你可以把目标具体而清楚地写下来时，你就克服了心里的怀疑及恐惧，你开始相信自己可以达到目标。当你有足够的信心时，你更要努力去做达到目标的相关事情。

很多时候，你越是记得你的目标，就越加强了心理的动力。你会送出思想电波来吸引更多的机会和事件，助你美梦成真。你越是牢记目标，越去思考怎样才能够达成目标，越去想象达到目标之后的那种快乐，你外在世界的成就就更会呼应你的内在世界。你朝目标迈进的每一步都会增加你的快乐、热忱与自信。每天依据目标工作，你就会慢慢地产生出你相信每件事情都会获取成功的绝对信心。每天一点点的进步都会让你远离恐惧，抛弃怀疑。你会从积极的思考进展成为积极的领悟，没有任何事情能够阻挡你前进的脚步。

5. 跟优秀的人学，你的目标就能轻松地实现

人们的智力相差无几，行业竞争的白热化，决定了要想在行业竞争中立于不败之地，不仅要学习书本知识，更需要在社会这所大学中多向优秀的人学习。倘若你真正地放下架子以他人为榜样时，相信总有一天你一定能够达到理想的彼岸。

在任何一家公司都会有优秀的人和散漫的人，而在我们的周围，肯定也会呈现出有的同事很优秀，有的同事很懒散。也许整体环境是我们无法改变的。但是我们却可以决定自己跟谁接触，跟谁学习。当我们身边聚焦一些优秀人士时，便会自觉不自觉地向其学习，工作态度也会变得积极主动。倘若如此，那么你的人生目标也能够很快变成现实。

在激烈竞争的社会，任何一个人，不管他有多高的天资或者学历，都没有资格说："我已经不学习了。"随着知识更新的日益加速，使人不得不在学习上付出更多的努力。学习是一个终身的过程，是现代人生命过程的一个重要组成部分。所以，"终身学习"被人们提到了日程上来。

美国壳牌石油公司总裁卡洛说，在21世纪，"应变的根本之道是学习"。这也印证了诺贝尔经济学奖得主舒尔茨的一句名言："投在人脑中

的钱比投在机器上的钱能赚更多的钱。”投资学习是绝对明智的选择，是你获得高薪的有效途径。

在人才济济的职场中，你的上级、你的同事、你的客户，都可以是你学习与交流的对象。他们都是你身边的优秀者，取人之长，补己之短，汲取他人的经验，增长自身的才干。

方华刚进入社会的时候，让4%的大学录取率给眩晕了，当真以为自己就是未来的大讼师，以为自己的小肩膀就是担当道义的铁肩。直到后来她遇到一位成功人士，才拨开重重迷雾看清了社会的现实。那位成功者告诉她：“你除了敢想敢说之外，对社会几乎是一无所知，你这样去奋斗，几年下来就是头破血流。”

幸运的是方华没有亲身体会头破血流的悲壮，因为这个领路人让方华规避了很多初出茅庐可能会遇到的各种陷阱。就这样，这个成功者就成了方华生命中的人生导师。

多年以后，很多人甚至会说，方华和那谁可真像，一个问题分别问他们两个，给出的答案几乎是一致的。这就说明两个人的人生观、价值观非常一致，才能做出相似的回答和解读。

如今，方华的案头放着当今成功人士的各种传记和著作，那些在商战中风云际会的英雄，不断地给方华提供成功的借鉴和榜样。

从方华的故事中，我们可以看出一个道理：近朱者赤，近墨者黑，你和谁在一起你就有可能会成为某个人。在与优秀者相处时，请努力向他学习。当你认真用心地请教和领悟时，你便会成为命运的成功者。

大哲学家苏格拉底说：“我知道自己几乎一无所知。”这正是一种谦虚向别人学习的良好品质。在学习两字面前，任何人都是老师，一定要忘记自己的身份，放下架子，完全从学习的角度出发，向比自己优秀的人学习。

每个人都应在合适的范围内，寻找能弥补自己弱点及不足的老师。

9 岁时，卡梅隆就开始了他人生的第一笔生意，通过替父母向他们的好友发送节日邀请，他从父母那里获得了一笔小小的酬金。11 岁那年，他通过销售问候卡片积蓄了数千美元，并建立了一个名为“欢乐与眼泪”的公司。

12 岁时，他花 100 美元购得妹妹积攒的全套 30 个“豆豆娃”，并将这些娃娃通过 eBay 网站销售，从中获得了 10 倍收益。正在此时，他突然发现了新商机，于是立即批量购进“豆豆娃”，通过“电子港湾”和“欢乐与眼泪”进行网络销售。这使他在不到一年时间里就积蓄了 5 万美元。

后来他把这笔钱当作本金，创办能为客户保密个人信息的 My-Email 邮件服务系统。两年后，该系统每月盈利 3000 美元。后来，他创办 Surfing pries 网络广告公司，获取巨额利润。卡梅隆曾经非常自豪地说：“高中毕业前，我的资产已超过 100 万美元。”

当有人问他为什么会成功时，他的回答是：学习，每时每刻都要准备学习。在他的眼里，每个人都是老师，每个人都有值得自己学习的地方，通过学习别人的长处和优势，将这些长处和优势复制在自己身上，自己就会在不知不觉中变得更加强大。他的成功并不仅仅依靠机遇和商业头脑，更在于他的学习能力。

学习的过程，不是做给他人欣赏的过程，也不是单纯接受的过程，而应该是一个思考和感悟的过程。

在学与思中有所创新，提高自己洞察事物的敏锐度和思考的能力，结合自己的实际情况寻求出更好的工作方式与方法，更快地提升自己各方面的能力。

学习是世界上最有价值的投资。著名哲学家黑格尔这样说过，我们生活在这个经济飞速发展的时代，每个人都需要保持一种学习的心态，成为一个博学多思的人，唯心论便能够更好地应对这个复杂多变的环境。几乎世界上所有的优秀人士无不是虚心学习的榜样。

生命不止，求知不断。只有投资于学习，将大脑充实起来，才能够在工作中得心应手，才能够一步步地接近自己的目标。现在是一个学习力竞争的新世纪。真正的文盲，不是不识字、没有文化的人，而是没有学习能力、没有教养的人。人们的智力相差无几，行业竞争的白热化，决定了要想在行业竞争中立于不败之地，不仅要学习书本知识，更需要在社会这所大学中多向优秀的人学习。倘若你真正地放下架子以他人为榜样时，相信总有一天你一定能够达到理想的彼岸。

6. 赶超一个了不起的人，你就是了不起的人

自信的来源是短暂的成功。当你费尽心力终于超越了眼前的那个人时，这将会大大地提高你的自信，就是这种自信又促使你去争取更大的成功。所以，请试着去超越你身边的每一个人，当你努力去超越时，你的目标就会离你越来越近。

我们总是幻想某一天能够成为一个了不起的人，并且为了成为自己心目中的偶像而不断地努力着。其实，很多时候，你只要坚持不懈地奋斗，拼足你浑身的力气去赶超别人，相信有一天你一定会收获成功的果实。

两年前，有一个刚刚毕业的小男孩，他想找一份待遇比较高的工作，与老板有过这样一次谈话。

因为年龄小，而且能力出众，所以很受上司的喜欢。然后他的老板问他："你打算到我这个年龄的时候做出怎样的成绩?""超过你，手下员工肯定破百!"然后老板这样回答了他："别急，我现在31岁，你还小呢，前面还有很多你要超越的人!"

虽然这个老板没有说明白他的意思，而且当初的小男孩也不明白!

他当然知道自己的前面有很多要赶超的人。但是，几年过去了，小男孩成了一名明事理并且小有成就的部门经理。

在这短短的几年时间里，他放下心中的骄傲，时时刻刻地为自己充电，从而弥补自己的不足，学习别人的经验与长处，由于聪明好学很快就超越了一个又一个优秀者，从而登上成功的顶峰。

自信的来源是短暂的成功。当你费尽心力终于超越了眼前的那个人时，这将会大大地提高你的自信，就是这种自信又促使你去争取更大的成功。所以，请试着去超越你身边的每一个人，当你努力去超越时，你的目标就会离你越来越近。

林梅所在的公司规定，每到年末每个员工都要写一份年终总结，将自己全年的工作形成书面报告，既要认真地总结工作经验，又要制定下一步目标，并提出改进的建议。

公司里的员工都对这个规定不以为然，并把它讽刺为最大的形式主义。所以，当林梅开始一个字一个字地敲键盘时，老员工们都说："别傻了，为什么要这么认真地自己写，从网上下载一个改改就可以了，上千份报告摞起来比老总的屋子还高，老总会看？最后肯定又是卖废纸了。"

林梅却没有理会，因为她认为工作这么久自己确实有很多感受，正好可以借此机会提出建议和想法。

以前林梅的建议最多走到部门主管那里就石沉大海了，而以她的职位和身份，根本不可能见到老总当面陈述自己的意见。这次林梅有一种冲动，一定要借这个机会把自己对公司现状的看法和今后发展的建议详细而完整地写出来。

林梅认为没有什么比一份图文并茂的报告更能表达自己的想法了。

于是，她每天晚上回到家，吃完饭后的第一件事就是冲到电脑前绘制图表，撰写报告。

一周之后，一本像时尚杂志般的年终总结送到了公司办公室，彩色封面上是公司的标志和宗旨，扉页上有目录和提要。正文由我的工作、我的总结和我的建议三部分组成。每一部分都有详细的数据和直观的图表，还用漫画形式展示了公司存在的不良作风和不好的现象。最后是对公司的诚恳建议和对未来充满激情的设想。

接下来的几天里，林梅一下子成了公司的热门人物，因为公司的每个员工都在谈论这份不可思议的年终总结，都说真没想到年终总结也能写成这样。过了几天，老总把林梅请到了办公室，对她说："这次你写的总结，给我留下的印象很深刻。报告我看了三遍，你看问题很准，思路十分清晰，设想也很有创意。不过我最欣赏你的还是你对公司和工作的那份责任感。好好干吧，你也许需要一个更合适的岗位。"

就这样，这个公司里被认为是"最傻"的员工很快就从平凡走向了优秀，超越了很多平庸的同事，走上了职业生涯的快速路。

"傻""吃亏"，可能经常被人提到，而且大多数人都不会选择自认为"傻"的工作。不过，也许他们并没有意识到，也许自己怀才不遇或者处处碰壁的原因之一。天下没有免费的午餐，天下并不会掉下馅饼来，今天的付出才能够创造出美好的未来。

就林梅来说，她只将自己最真诚的一面表现了出来，只是默默地做着自己的分内工作。经过一段时间的努力，她终于慢慢地超上了别人，甚至超越了很多优秀者。就这样，在你追我赶的过程中，她越来越接近自己的目标。

在纷繁复杂的职场上，每个人都是通过激烈的竞争来获取成功，在竞争中提高自己，找到成功的途径。当然，他们所盼望的竞争方式，是人人平等、公正、合理合法的竞争。

那些优秀人士看待比自己成功的人士，自有一套方法。他们敬佩而不忌妒，羡慕而不怨恨，模仿而不妨害。他们接近成功人士的目的，是学习别人的优点，了解别人的优势，为我所用，以便充实和武装自己，使自己变得更强大。

所以，很多时候，我们要成为一个优秀者就必须向优秀者学习，然后一步步地超越他。当你真正做到了这一点时，任何梦想都会变成现实，任何目标将不会遥远得没有边际。

7. 一旦确定目标，你剩下的就是义无反顾地去追求

远大目标告诉人们你将会得到什么东西，并且召唤你采取积极的行动。当我们的内心有了一个远大的目标时，我们将会从一个成功走向另一个成功，得到一个又一个快乐。

当一个人没有明确的目标的时候，自己不知道该怎么做，别人也无法帮到你！天助先要自助，当你没有清晰的目标方向时，就不能够立即付出实际行动。

制定目标是一回事，完成目标又是另外一回事，制定目标是明确做什么，完成目标是明确到底应该怎样做。与其制定一个高目标，倒不如制定一个合适的目标，并制订相应的行动计划。合适的目标往往是通过自己的努力才达成的，目标是需要分解的，一个人制定目标的时候，要有最终目标，目标才会有吸引力，否则，宁可不做，也不愿意费了很大力气而没有完成自己确定的目标。

爱因斯坦被誉为 20 世纪最伟大的科学家，他一生所取得的成功，是世界公认的。他之所以能够取得如此令人瞩目的成绩，和他一生具有明确的奋斗目标是分不开的。

他出生在德国一个穷困的犹太家庭，家庭经济条件不好，加上自己小学、中学的学习成绩平平，虽然有志往科学领域进军，但是他却非常有自知之明，知道自己应该量力而行。

他曾经对自己做了一番分析：自己虽然总的成绩平平，但对物理和数学有兴趣，成绩较好。自己只有在物理和数学方面确立目标才能有出路，其他方面是不及别人的。因而他读大学时选读瑞士苏黎世联邦理工学院物理学专业。

由于奋斗目标选得准确，爱因斯坦的个人潜能得到最充分的发挥，他在 26 岁时就发表了科研论文《分子尺度的新测定》，以后几年他又相继发表了四篇重要科学论文，发展了普朗克的量子概念，提出了光量子除了有波的性状外，还具有粒子的特性，圆满地解释了光电效应，宣告狭义相对论的建立和人类对宇宙认识的重大变革，从而取得了前所未有的显著成就。由此可见，确定一个明确的奋斗目标是何等的重要。倘若他当年把自己的目标确立在文学上或音乐上，恐怕就难于取得像在物理学上那么辉煌的成就。

为了不让有限的时光白白地溜走。爱因斯坦善于根据目标的需要进行学习，使有限的精力得到了充分的利用。他创造了高效率的定向选学法，即在学习中找出能把自己的知识引导到深处的东西，抛弃使自己头脑负担过重和会把自己诱离要点的一切东西，从而使他集中力量和智慧攻克选定的目标。他曾经说过这样一段话："我看到数学分成许多专门领域，每个领域都能费去我们短暂的一生。……诚然，物理学也分成了各个领域，其中每个领域都能吞噬一个人短暂的一生。在这个领域里，我不久学会了识别出那种能导致深化知识的东西，而把其他许多东西撇开不管，把许多充塞脑袋、并使其偏离主要目标的东西撇开不管。"他就是这样指导自己的学习的。

为了阐明相对论，他专门选学了非欧几何知识，这样的定向选学法，使他的立论工作得以顺利进行和正确完成。

倘若他没有意向创立相对论，是不会在那个时候学习非欧几何的。倘若那个时候他毫无目的地涉猎各门数学知识，相对论也未必能这么快就产生。爱因斯坦正是在 10 多年时间内专心致志地攻读与自己的目标相关的书和研究相关的目标，终于在光电效应理论、布朗运动和狭义相对论三个不同领域取得了重大突破。

特别值得一提的是，爱国斯坦不但有可贵的自知之明精神，而且对已确立的目标矢志不移。

1952 年以色列国鉴于爱因斯坦科学成就卓越，声望颇高，加上他又是犹太人，当该国第一任总统魏兹曼逝世后，邀请他接受总统职务，他却婉言谢绝了，并坦然承认自己不适合担任这一职务。确实，爱因斯坦是一位伟大的科学家，他用尽了一生的精力和时间才达成了这个目标。

倘若他真的接受总统的职务，那么未必会有多少建树，因为他从来就没有显示过这方面的才能，又未曾为这样的目标作过一些努力。

在人生的竞赛场上，没有确立明确目标的人，是不容易得到成功的。许多人并不缺乏信心、能力、智力，只是没有确立目标或没有选准目标，所以没有走上成功的途径。

当然，很多人之所以不能取得很大的成功，是因为他们设定的人生目标太小，使自己失去奋斗的动力。因此，只有树立一个远大的目标，才能够高瞻远瞩，取得常人难以想象的成功。

研究表明，芸芸众生中，真正的天才与白痴都是极少数的，绝大多数人的智力都相差不多。然而，在漫漫的人生长路上，有的人功绩卓越，有的人却碌碌无为。本是智力相近的一群人，为什么他们的成就却有天壤之别呢？答案就在于人们目标大小的不同。

不想当元帅的士兵，不仅永远当不上元帅，更不可能成为一个好士兵。没有大目标的人就如井底之蛙一般没有远见，只会待在自己的一井之底。许多人之所以达不到自己孜孜以求的目标，是因为他们的视野太小，而且目标模糊不清，使自己失去动力。

著名作家高尔基认为，目标愈远大，人的进步愈大。远大目标告诉人们你将会得到什么东西，并且召唤你采取积极的行动。当我们的内心有了一个远大的目标时，我们将会从一个成功走向另一个成功，得到一个又一个快乐。

第三章
牵住情绪的线，让自己的世界充满阳光

成功者控制自己的情绪，失败者被自己的情绪所控制。快乐者做自己情绪的主人，悲伤者却是自己情绪的傀儡。我们为自己人生奋斗时，需要牢牢控制住自己的情绪，让自己的成功道路上减少不必要的羁绊，让自己追求成功的道路上多一些阳光，多享受一些人生的快乐。

1. 要获得上苍的宠幸，你首先要战胜自己的情绪

人生最强大的敌人就是自己，最大的挑战就是挑战自我。自己肯定自己，是一种意志的胜利；自己征服自己，是一种灵魂深处的提升；自己控制自己，是一种理智的成功；自己创造自己，是一种心理境界的升华；自己超越自己，是一种人生的成熟。

我们生活在一个竞争非常激烈的社会中，与天斗，与人斗，每个人都想要获取胜利、出人头地。但是，经过无数的失败我们终于悟出一个道理：那个最终使我们受到伤害的强大敌人，深深地隐藏在我们自己的心中！

所以，在不断地奋斗与拼搏中，唯有时刻坚信自己，首先竖立起那支永远屹立不倒的旗帜，才能战胜灵魂深处所有的弱点，始终处于不败之地。

由此可见，人生最强大的对手就是自己。

人的一生，总是在与自然环境、社会环境、家庭环境做着适应及克服的努力，因此有人形容人生如战场，勇者胜而懦者败；从生到死的生命过程中，所遭遇的许多人、事、物，都是战斗的对象。其实，很多时

候，自己的情绪往往不受自己的指挥，那将是你最顽强的敌人。

莎士比亚也曾这样说，假使我们自己将自己比作泥土，那就真要成为别人践踏的东西了。其实，别人认为你是什么样的人并不重要，重要的是你是否肯定自己；别人怎样将你打败并不重要，重要的是你是否在别人打败你之前，就先输给了自己。很多人失败，通常是输给自己，而不是输给别人。因为自己如果不做自己的敌人，世界上就没有敌人。

美国船王哈利曾对儿子小哈利说："等你到了23岁，我就将公司的财政大权交给你。"可是谁也没有料到的是，儿子23岁生日这天，老哈利却将儿子带进了赌场。老哈利给了小哈利2000美元，让小哈利熟悉牌桌上的伎俩，并告诉他不论怎样都不要把钱输光。

小哈利连连点头，老哈利还是不放心，反复叮嘱儿子一定要剩下500美元。小哈利拍着胸脯答应下来。然而，年轻的小哈利很快赌红了眼，把父亲的话忘得一干二净，最终一分钱都没有留下。走出赌场，小哈利感到非常沮丧，说他本以为最后那两把能赚回来，那时他手上的牌正在开始好转，没想到却输得更惨。

老哈利说：倘若你还想再进赌场，不过你得自己去挣本钱。

小哈利用了一个月时间去打工，挣到了700美元。当他再次走进赌场，他给自己定下了规矩：只能输掉一半的钱，到了只剩一半时他一定离开牌桌。

然而，小哈利又一次失败了。

当他输掉一半的钱时，他的脚就像被钉了钉子般无法动弹。此时此刻他竟然忘记了自己的原则，再次把钱全都押了上去，还是输个精光。老哈利则在一旁看着一言不发。走出赌场，小哈利对父亲说："我再也不想进赌场了，因为我的性格只会让我把最后一分钱都输光，我注定是个输家。”

谁知老哈利却不以为然，他坚持要小哈利再进赌场。老哈利说：“赌场是世界上博弈最激烈、最无情、最残酷的地方，人生亦如赌场，你怎么能不继续呢？”

小哈利只好再去打短工。

他第三次走进赌场已是半年以后的事了。这一次，他的运气还是不佳，又是一场输局。但是他汲取从前的教训，冷静了很多，沉稳了很多，当钱输到一半时，他毫不犹豫地走出了赌场。

虽然他还是输掉了一半，但在心里，他却有了一种赢的感觉，因为这一次他战胜了自己！

老哈利看出了儿子的喜悦，他对儿子说：“你以为你走进赌场，是为了赢谁？你是要先赢你自己！控制住你自己，你才能做天下真正的赢家。”

从此以后，小哈利每次走进赌场，都给自己制定一个界线，在输掉10%时他一定会退出牌桌。再往后，熟悉了赌场的小哈利竟然开始赢了：他不但保住了本钱，而且还赢了几百美元！这时，站在一旁的父亲警告他，现在应该马上离开赌桌。

可头一次这么顺风顺水，小哈利哪儿舍得走？几把下来他果然又赢了一些钱，眼看手上的钱就要翻倍——这可是他从没有遇到过的场面，小哈利感到兴奋极了！谁曾料到，就在此时形势急转直下，几个对手大大增加了赌注，没过多久小哈利又输得精光……从天堂瞬间跌落地狱的小哈利惊出了一身冷汗，他这才想起父亲的忠告。

假如当时他能听从父亲的话离开，他将会是一个赢家。可惜，他错过了赢的机会，又一次做了输家。

一年以后，老哈利再去赌场时，小哈利俨然已经成了一个像模像样的老手，输赢都控制在10%以内。不管输到10%，或者赢到10%，他都会十分坚决地离场，即使在最顺的时候他也不会纠缠！老哈利激动不已——因为他知道，在这个世上，能在赢时退场的人才是真正的赢家。

老哈利毅然决定，将上百亿的公司财政大权交给小哈利。听到这突然的任命，小哈利倍感吃惊："我还不懂公司业务呢！"老哈利却很轻松地说："业务不过是小事。世上多少人失败，不是因为不懂业务，而是控制不了自己的情绪和欲望！"

老哈利很清楚：能够控制情绪和欲望，往往意味着掌控了成功的主动权。

从这个故事中，我们可以看到控制情绪是何等重要的事情，它对于我们能否取得事业的成功起着决定作用。很多时候，我们往往由于不能够控制住心中的欲望，从而使成功与自己擦肩而过。其实，一个人只有战胜了自己内心里的情绪，冷静从容地做好手中的事情时，任何理想与目标都会变成现实。

人生在世，要战胜自己很不简单，一般人得意忘形，失意时自暴自弃；人家看得起你时便会觉得自己很成功，落魄时就会觉得没有比自己更倒霉。在人的一生中想得最多的是战胜别人，超越别人，凡事都要比别人强。但是，心理学家却告诉我们，战胜别人首先要战胜自己。当你战胜了自己的时候，便会获得上苍的宠幸。

我们不是常常看到有的人想努力学习、努力工作，却战胜不了自己的散漫和懒惰；想谦虚待人，却战胜不了自己的自负与骄傲；想和别人协调处世，却战胜不了自己的自私与偏见……

有心理学家是这么认为的：良好的精神准备，会是打开成功之门的钥匙而没有良好的精神准备，则会是封闭成功之门的铁锁。因此，战胜别人首先要战胜自己，因为最强大的敌人不是别人而是自己。

人生最强大的敌人就是自己，最大的挑战就是挑战自我。自己肯定自己，是一种意志的胜利；自己征服自己，是一种灵魂深处的提升；自己控制自己，是一种理智的成功；自己创造自己，是一种心理境界的升华；自己超越自己，是一种人生的成熟。

凡是能够肯定自己，征服自己，控制自己，创造自己，超越自己的人，就具备了足够的力量战胜事业和生活中的一切艰难与挫折。

我们无法避免在追求成功的路上所遇到的荆棘与挫折，但是，当你将这些困难当作痛苦去对待时，疲劳将会一直纠缠着你，失望也会一直笼罩在你的内心深处。其实，只要我们的内心更加强大，那么成功就会离你越来越近。

2. 控制好你的情绪，才能闯出一片自己的蓝天来

就算工作不尽如人意也不要愁眉不展、从此懈怠，要学会掌控自己的情绪，让一切变得积极起来。只有这样，你才能够一步步地接近成功，才能够闯出自己的一片蓝天。

大音乐家贝多芬曾说过，几只苍蝇咬几口，绝不能羁留一匹英勇的奔马。每一位成功人士的身旁总会有各种纷扰，对它们保持沉默要比寻根究底明智得多。我们应当保持一种温和平静的心态，从容地面对各种各样的纷扰。

每个人的工作中，都难免有不如意之事，有时是因为众多烦琐事务缠身，有时也可能是他人的不合理举动让人们深感震怒，有时又是因为与同事或领导之间一时的误解。这种情绪虽然可以理解，但是万万不可陷入其中，以免耽误了更为重要的本职工作。

倘若一个人的意志力坚固得跟钻石一样，并以这种意志力引导自己朝着设计的目标前进，那么所面对的一切困难都会迎刃而解。相反，倘若你不能够控制自己的情绪，那么你的人生将会混乱不堪。

一个心智成熟的人，必定能控制住自己所有的情绪与行为，不会为

一点小事抓狂。当你在镜子前仔细地审视自己时，你会发现自己既是你的最好朋友，也是你的最大敌人。特别是你要控制别人之前，一定要先控制住自己。假如你不能够征服自己，你就会被别人所征服。

所以，就算工作不尽如人意也不要愁眉不展、从此懈怠，要学会掌控自己的情绪，让一切变得积极起来。只有这样，你才能够一步步地接近成功，才能够闯出自己的一片蓝天。

有这样一个故事：

有一天，陆军部长斯坦顿来到林肯那里，非常气愤地对他说一位少将用侮辱的话指责他。林肯建议斯坦顿写一封内容尖刻的信回敬那家伙。

“这样吧，你可以狠狠地骂他一顿。”林肯说。

斯坦顿立刻写了一封措辞强烈的信，然后拿给林肯过目。

“对，对！”林肯看了，称赞道，“要的就是这个！好好教训他一顿，写得太棒了。”

但是当斯坦顿把信叠好装进信封里时，林肯却叫住他，问道：“你干什么？”

“寄出去呀。”斯坦顿有些摸不着头脑了。

“不要胡闹，”林肯严肃地说，“不要将这封信发出，快把它扔到炉子里去。凡是生气时写的信，我都是这么处理的。这封信写得好，写的时候你已经解了气，现在感觉心里舒服了些吧，那么就请你把它烧掉，再写第二封信吧。”

在这个故事中，林肯用一种无害的途径来发泄自己的情绪，这一点是非常值得我们学习的。在生活中，当我们遇到一些令人烦恼和头痛的事情时，请一定要好好地控制你的情绪。

控制情绪是一种很高的内在修养，是一门艺术。我们应该对各种情绪持有警觉意识，并且视其对心态的影响是好是坏而接受或拒绝。面对积极的情绪，我们要学会坦然对待；面对消极的情绪，我们则要学会严格地拒绝。在我们的生活中，弱者任情绪控制行为，强者让行为控制情绪。

有一个男孩有着很坏的脾气，于是父亲就给了他一袋钉子，并且告诉他，每当他发脾气的时候就钉一根钉子在后院的围篱上。

第一天，这个男孩钉下了 37 根钉子。慢慢地每天钉下的数量在减少。

后来，他发现控制自己的脾气要比钉下那些钉子来得容易些。

终于有一天这个男孩再也不会乱发脾气，他把这一情况告诉了父亲。这时，父亲告诉他，现在开始每当他能控制自己的脾气的时候，就拔出一根钉子。

一天天地过去了，最后男孩告诉父亲，他终于把所有钉子都拔出来了。

父亲握着他的手来到后院说："你做得很好，我的好孩子。但是看看那些围篱上的洞，这些围篱将永远不能回复到从前的模样。你生气的时候说的话将像这些钉子一样留下疤痕。倘若你拿刀子捅别人一刀，不管你说了多少次对不起，那个伤口将永远存在。话语的伤痛就像真实的伤痛一样令人无法承受。"

发脾气，一些小情绪反反复复，这些负面的情绪往往会阻碍事业的发展，创业者要想创业成功，更应该控制好自己的情绪。

每个人都会有不稳定的情绪低潮期，处于这种情绪状态下的人们，由于情绪不稳定便很容易迁怒于人、借题发挥，这是正常的。但是每个身处职场的人都应该明白一个道理：职场不是家。在家里，你可以向家人发泄你的不良情绪并得到谅解和包容，但在职场中就很难做到。因为职场的目的是完成一个共同目标，没有人会为了放弃目标而去选择包容你的垃圾情绪。因此，如果你想在职场中游刃有余取得成功，就必须学会控制好自己的情绪，顺从工作的需要，避免不良情绪破坏了个人心境以及办公室氛围。

消极情绪的传染是在不知不觉中进行的，而且传染的速度相当快。一个人如果和亲近的人待在一起，而对方情绪低落或烦躁，那么不到半小时他的情绪就会受到对方的传染。

其实，情绪变化往往会在我们的一些神经生理活动中表现出来。比如，当你听到自己失去了一次本该到手的晋升机会时，你的大脑神经就会立刻刺激身体产生大量起兴奋作用的“肾上腺素”，其结果是你怒气冲冲，坐卧不安，随时准备找人评评理，或者“讨个说法”。情绪控制，对人生有着极为重要的意义。一个人倘若真的想有所成就的话，那么就一定要让自己具备情绪调控的能力。

成功者控制自己的情绪，失败者被自己的情绪所控制。所谓成功的人，就是心理障碍突破最多的人，因为每个人或多或少都会有各式各样、大大小小的心理障碍。

世界上从来没有过完美的公司，也没有过完美的个人，关键是你将自己的注意力放在一个什么样的位置上，到底是注意优点还是缺点。把注意力放在问题的不同方面，常常会得出不同的结果，对人也会产生不同的情绪。

看问题的积极方面，可以产生乐观的情绪；看问题的消极方面，就会产生悲观的情绪。

但是，在生活中很多人一遇困难挫折就会选择悲观，所以必须学会控制自己的注意力以调控自己的情绪。

在人生的整个航程中，消极思维者一路上都晕船，不管目前的状况怎样，他们总是对将来感到失望。在悲观者的心目中，玻璃杯永远不是半满的，而是半空的。他们预期会得到人生中最糟糕的结果，而且事实也确实在向这个方向发展。

3. 沉浸于过去的光环，你将会错过前面无数的美景

在追求成功的路上，有迟到的荣誉，甚至有很多默默无闻、最终被人遗忘的人群。与其说获得荣誉是一种自我能力的证明，倒不如说是一种对自我的极大激励。说到底，荣誉只是证明以前，并不能证明以后。将荣誉当作一种鼓励的人往往能够做出更好的成绩，这将是一个极好的良性循环。

所谓的光环效应只是暂时的，当有一天或者是时间长了就没有人会太在意这份光环，不要让自己永远都活在虚无缥缈的意境中。不论你曾经拥有怎样的光环，生活还是需要回归现实，还是需要我们每个人都能够非常真实地面对和接受它。

也许，我们因为曾经的荣誉，而对现在挑三拣四；因为自己是多么优秀而不愿做这样或那样的工作，殊不知正是因为这些“包袱”，同行者一步步地行进早已经将你抛在千里之外。

因为我们背负着太多的包袱，这严重束缚了自己前行的脚步，使得我们很难达到别人所能够达到的目标。但是，倘若我们能够勇敢地放弃那些早已逝去的光环，那么我们将会创造出一个又一个新的荣誉，达到

一个又一个别人所不能达到的高度和距离。

有这样一个故事：

一位计算机博士刚刚到加拿大的时候，期望找到一份比较满意的工作，但却四处碰壁，一无所获。在即将走投无路的情况下，他来到了一家职业介绍所，没有出示任何学位证件，以最低身份做了登记。然而让人深感意外的是，居然很快接到了这家职业介绍所的通知，被一家公司录用了。但职位是最初级的程序输入人员。但是他十分珍惜这份工作，干得很投入、很认真。不久，老板发现这个小伙子能察觉出程序中不易被察觉的问题，能力非一般程序员可比。此时，他拿出了学士学位证书，老板给他换了相应的职位。过了没多长时间，老板发现这位小伙子能提出很多独特的建议，其本领远比一般大学生高明。此时，他又拿出了硕士学位证书，老板又立刻提拔了他。又过了大约半年时间，老板发现他能够解决实际工作中遇到的所有技术问题，于是决意邀请他去自己家中喝酒。酒席上，在老板的再三盘问下，他才承认自己是计算机博士，因为工作难找，就把博士学位瞒了下来。第二天一上班，他还没来得及出示博士学位证书，老板已经宣布他就任公司的副总裁了。

这位博士之所以能够在很短的时间内脱颖而出，数次提升，是有其重要原因的。其中一个最重要的原因就是：他没有沉浸于过去的光环中，而是勇敢地放下荣誉，选择了重新开始。其实，很多时候我们之所以不能够取得满意的成绩，往往是由于没有放下曾经的辉煌。当你放下过去的荣誉时，你便会发现自己的肩上不再有沉重的负担，不再对成功与失败斤斤计较。

被誉为“杂交水稻之父”的袁隆平的科研事业不仅解决了中国人的吃饭问题，而且为世界性的饥饿问题做出了突出贡献。杂交水稻是世界性的难题，因为水稻是雌雄同花的作物，自花授粉，难以一朵一朵地去掉雄花搞杂交。这就需要培育出一个雄花不育的稻株，即雄性不育系，然后才能与其他品种杂交。袁隆平知难而进，他认为，雄性不育系的原始亲本，即自然突变的雄性不育株，也能天然存在。经过千辛万苦，他终于发现了一株雄性不育植株。

1974 年袁隆平配制种子成功，1975 年大面积制种成功，1976 年定点示范 208 万亩，在全国范围开始应用于生产，到 1988 年全国种植杂交水稻面积达 1.94 亿亩，占水稻面积的 39.6%，而总产量占 18.5%。已经获得了巨大声望的袁隆平并没有选择躺在人们给予的功劳簿上，他知道自己还有很长的路要走。如今的袁隆平依然奋斗在科研一线，为能够实现水稻的更高亩产而劳作不息。他对周围的人说："我年纪已经大了，趁着还能干的时间就继续奋斗几年吧，真怕一旦歇下来就不能再干了。"

荣誉是一把双刃剑，对于那些有成就的人来说，当得到荣誉的时候会有两种选择：

紧紧握住已得的荣誉不放，或者将荣誉放在一边，继续从事自己的工作。对待荣誉的不同态度最终能产生很大的分歧。倘若将荣誉比作一个节点的话，那对待荣誉的不同态度就是同一个节点下细分出来的两条截然不同的道路。

在荣誉面前，你是选择让鲜花和掌声埋没自己的斗志，安享已得的一切，还是将荣誉看作已经过去的事情，埋头去继续迎战下一个目标呢？不是每一粒种子都能发芽，也不是每一次的努力奋斗都能换得人们的认可。荣誉只是人们通往成功、完善自我路上的附属品。

在追求成功的路上，有迟到的荣誉，甚至有很多默默无闻、最终被人遗忘的人群。与其说获得荣誉是一种自我能力的证明，倒不如说是一种对自我的极大激励。说到底，荣誉只是证明以前，并不能证明以后。将荣誉当作一种鼓励的人往往能够做出更好的成绩，这将是一个极好的良性循环。

其实，面对荣誉正确的态度应该是：在应该放弃的时候放弃，在应该争取的时候去努力争取。

4. 生气是跟自己过不去，该哭就哭，丢掉情绪的包袱

生气是一个人对自己所施的一种酷刑，它会严重地损害你的健康，使你越来越快地衰老。动辄生气、发火，不仅伤害了自己，也会深深地伤害到别人。因此，我们要学会丢掉负情绪，让自己变得快乐起来。

记得有人曾说过这样一句话：“不能生气的人是笨蛋，而不去生气的人才是聪明人。”

在生活中，有的人遇到一点不顺心的事就火冒三丈，怒不可遏。其结果不仅解决不了问题，反而还会伤害感情，弄僵关系，使原本已不如意的事情更是雪上加霜。

与此同时，生气产生的不良情绪还会严重伤害自己的身体健康。为了证明人在生气时的心理状态对健康的影响，美国生理学家爱尔马曾经做过一个实验，他把一只玻璃管插在水温是零度的容器里，然后收集人们在不同状态下呼出的“气水”，当人在心平气和时，所呼出的气凝成水后澄清透明；悲痛时凝成的水则有白色沉淀；而生气时凝成的水有紫色物质。然后他把“生气的水”注射到小白鼠体内，几分钟后小白鼠就

死去了。由此推断，一个人生气状态超过 6 个月，可能减少其寿命 2～3 年。

那么，生气对人体的健康到底有什么样的损害呢？

很多事实表明：

生气对人体有八个方面损害：一是伤肝，二是伤肺，三是引发甲亢，四是容易长色斑，五是引发胃溃疡，六是心肌缺氧，七是损伤免疫系统，八是脑细胞衰老加速。

既然生气对身体有这么大损伤，我们为什么不去做个不生气的聪明人呢？我们不妨参考一下德国军队的一条军纪：军人遇到有不满的事情，绝对不准当场发作，一定要通过一晚上或更长时间，待心情平静下来之后再提出来讨论，这一规定也可用在我们的社会生活中。

在这里，我们每个人都要懂得一点：生气不但会伤害自己，也会用别人的过错来惩罚自己。所以，我们根本就没有必要把时间和精力浪费在这些乏味的事情上。

当遇到别人伤害、打击或不公平、不如意事的时候，要学会冷静下来好好地想一想，把问题弄清楚，气自然也就会消一大半。俗话说，人生一世，草木一秋，短短几十年人生，为什么不让自己活得快乐、潇洒一点呢？

从前，有一个老太太经常为一些琐事生气，当然她也知道这样做很不值得，可是总不能控制住自己的情绪。于是，她便去求一位智者为自己开解，以使自己能够做到遇事心胸开阔。不再为一些小事而斤斤计较，更不会徒生闲气。

智者听了她的讲述后，一言不发，把她领到房中，落锁而去。老太太气得高声大叫，叫了许久，智者也不理她。无奈，老太太哀求智者放她出去，智者仍然当作没有听见似的。老太太终于沉默了。这时智者来到门外，问她："你还生气吗?"老太太说："我只为自己生气。我怎么会到这种地方来？我这是自作自受。""连自己都不肯原谅的人怎么能做到不生气呢?"智者说完拂袖而去。过了一会儿，智者又来到门外问道："还生气吗?""不生气了。"老太太说。"现在你为什么不生气了?""生气也没办法呀!""你的气并没有消释，还压在心里。爆发后会更加激烈。"智者说完又离开了。待智者第三次来到门外时，老太太主动告诉他说："我不生气了。因为真的很不值得生气。"智者把门锁打开笑着说："还知道不值得生气。可见心中还有衡量，还有气根。"当智者迎着夕阳转身要离去时。老太太不解地问道："大师。究竟什么是气?"智者回过身来意味深长地说："气，就是别人吐出而你接纳到口中的那种东西；生气，是用他人的过错惩罚自己的一种蠢行。"老太太听后深有感触，叩谢智者而去。

在这个世界上，我们不可能会找到一个从来就没有生过气的人，却很容易找到一个为了一点小事而心怀怨恨甚至大动肝火的人。然而，生气又有什么用呢？无非是自己跟自己过不去，自己跟自己较劲，就好比左右手互搏，赢了又怎么样？最后，受到伤害的只会是自己。

一个失恋的年轻人在公园里伤心地哭泣。一位哲学家走过来，轻声地问道："小伙子，你怎么啦？为什么哭得这么伤心?"

年轻人回答说："我很难过……她为什么要离我而去?"

哲学家哈哈大笑道："你真笨!"

年轻人听了很生气地说："你这人怎么这样啊！我已经很难过了，你不安慰就罢了，却还要嘲笑我!"

哲学家说："傻瓜，你根本不用难过，真正该难过的应该是她——因为你只是失去了一个不爱你的人，而她却失去了一个深爱着自己的人！”

很多时候，我们为之生气的事情，其实根本就不值得生气。它之所以让你感到生气，是因为你已经走入了思维的死胡同，换一种思路、一种角度，也许你的内心便会豁然开朗。

生气是一个人对自己所施的一种酷刑，它会严重地损害你的健康，使你越来越快地衰老。动辄生气、发火，不仅伤害了自己，也会深深地伤害到别人。

哲学家康德曾说：“生气是拿别人的错误惩罚自己。”在生活中，每个人都会遇到很多挫折，家庭上的、工作上的、爱情上的，谁能说自己一辈子不会遇到这些呢？当我们因这些问题一遍一遍地折磨自己时，为什么不能够想方设法地绕开它，去好好地善待自己呢？

5. 在奋斗的旅途中，抱怨是拖油瓶，反省是润滑剂

抱怨是无济于事的，只有通过努力才能改善处境。倘若一个人抱怨和发牢骚的时间都用在工作上，用在想办法改变现状上，那么他就很有可能创造出辉煌的业绩。倘若我们用豁达的心态来对待工作上的不愉快，把抱怨的时间用来好好工作，那么也许我们会收获意想不到的成果。

抱怨是一种宣泄，抱怨是一种惰性、一种推脱，它能够把生活中不如意的事情发泄出来。每个人都会遇到这样那样的挫折与困难，倘若抱怨是一时的还可以接受。然而，一个有自我价值空间的人，在这个世界上应该建立起自己的调整机制。所以，抱怨只会阻碍成功向自己走来的步伐。放下抱怨，心平气和地接受生命中的失败，无疑是一种智者的姿态。

在工作中，有人总是不停地抱怨着。抱怨工作岗位没别人好，抱怨收入没别人高，抱怨房子没别人大，抱怨进步没别人快。相关专家认为，大凡抱怨这抱怨那的人，一定是心情不阳光、不愉快的人，整日怨天尤人的人，所以他注定要活在痛苦中。

曾经听说过这样一个故事：

一个年轻的农夫，划着小船，给另一个村子的居民运送自家的农产品。那天的天气酷热难耐，农夫汗流浃背，苦不堪言。他十分焦急地划着小船，希望能够赶紧完成任务，以便在天黑之前能够回到家里。突然，农夫发现前面有一只小船，沿河而下，迎面向自己快速驶来。眼看两只船就要撞上了，可是那只船竟然一点避让的意思都没有，似乎是有意要撞翻农夫的小船。

“让开，快点让开！你这个白痴！”农夫大声地向对面的船吼叫道，“再不让开你就要撞上我了！”然而农夫的吼叫一点用都没有，尽管农夫手忙脚乱地企图让开水道，但为时已晚，那只船还是重重地撞上了他的船。农夫被激怒了，他厉声斥责道：“你会不会驾船？这么宽的河面，你竟然撞到了我的船上！”当农夫怒目审视对方的小船时，他吃惊地发现，小船上空无一人，他大呼小叫、厉声斥骂的只是一只挣脱了绳索、顺河漂流的空船。

这就如同我们在工作中，当你责难、怒吼的时候，你的听众或许只是一只空船。那个一再惹怒你的人，绝不会因为你的斥责而改变他的航向。

当然，你完全没有必要去讨好这个人，也没有必要非要与之达成一致意见。但是，你必须清楚地知道一点：不要让别人制造的烦恼影响你的情绪。不管你为此多么愤怒，他绝不会因为你受到一丝一毫的影响。倘若因为他的过错而使你陷入无尽的烦闷与悲伤之中，你就会成为唯一的受害者，而且是你自己在不断地强化这种伤害的深度和长度。

美国成功哲学演说家金·洛恩说：“成功不是追求得来的，而是被改变后的自己主动吸引而来的。”的确，在工作中，总有一些人会让我们感到郁闷无比。这种郁闷可能是因为他们没有和你融合在一起，可能是因为他们并不欣赏你，不喜欢你，甚至不重视你。但是，与其一味地抱怨别人，不如时时刻刻地反省自己。

约翰逊在一家电器公司做销售员。没过多久，他就很不满意自己的工作，而且还愤愤不平地对朋友说："我的老板一点也不把我放在眼里，惹急了我，我就辞职！"朋友立刻说："我举双手赞成你，约翰逊，这样的老板确实得给他点颜色看看。不过你现在离开，还不是最好的时机。"

约翰逊一怔，问："为什么？"

朋友说："假如你现在走，老板的损失并不大。你应该趁着工作的时候，努力去为自己拉一些客户，成为公司独当一面的人物，然后带着这些客户离开公司，这样，你的老板就会受到重大损失，会非常被动。"

约翰逊觉得朋友说得很有道理，于是就停止了抱怨，专心地努力工作。事遂所愿，经过一段时间的努力，约翰逊有了许多的忠实客户。再见面时，朋友听说了他的业绩，就说："现在是时机了，要赶快行动啊！"

约翰逊喝了一大口啤酒，十分高兴地说："我发现近半年来，老板对我刮目相看，最近更是不断给我加薪，并和我长谈过，准备让我做他的助理，我暂时没有离开的打算了。"

对约翰逊来说，抱怨让自己灰心丧气，只想辞职走人，但停止抱怨，努力工作，却换来老板的加薪和赏识。他的经历告诉我们，与其抱怨老板不重视我们，不如反省自己，不断提高自身的能力。

其实，人生十有八九不如意，我们要做的就是如何去应对它。很多时候，我们知道无法改变什么，那就不要随意地抱怨。我们要明白一个道理：存在的就是合理的，你所受到的待遇是有其"存在"的背景、条件和原因的。一个失败的人，自身一定有欠缺的地方。所以，与其一味地抱怨别人，不如努力地改变自己。当自己改变了时，也许一切就会得到改变。

人在遭遇挫折和不公正待遇时，会产生种种抱怨情绪，这是正常的心理反应。但是，倘若一个人长期处于抱怨情绪中，总是把抱怨的矛头不断地对准别人，就会产生负面效应。因为抱怨总会令人反感，倘若传到老板的耳朵里，还会让他觉得你是一个不努力工作的员工。

抱怨是一种无能的表现。一位伟人曾经说过："有所作为是成功人士的追求，而抱怨则是无所作为的平庸之辈的温床。"任何事情，即使再抱怨，也不可能解决问题，相反，只能为自己徒增烦恼。

长期的抱怨会导致一个人失去对公司的忠诚，使他们在抱怨中失去工作的激情。同时，抱怨所到之处，必定人心惶惶，影响整体的工作效率。一个团队中倘若经常有人抱怨，势必会影响别人的积极性，产生不良影响。严重的时候还会削弱团队的士气，导致工作效率很快就会下降。

我们要清楚，公司聘用我们的目的是解决问题，而不是在遇到问题时张着抱怨的嘴，唉声叹气，制造恐慌。抱怨者对于公司的危害甚于无能之辈，因为他不仅不能解决问题，相反还会制造问题，这样的人注定没有一个老板会喜欢。

抱怨是无济于事的，只有通过努力才能改善处境。倘若一个人抱怨和发牢骚的时间都用在工作上，用在想办法改变现状上，那么他就很有可能创造出辉煌的业绩。倘若我们用豁达的心态来对待工作上的不愉快，把抱怨的时间用来好好工作，那么也许我们会收获意想不到的成果。

6. 遇事冷静想一想，你能从容不迫便赢了

在这个世界上没有人的人生能够一帆风顺，任何人都会面临困境和失败，冷静沉稳的心态会帮助我们克服各种各样的困难。很多时候，一个聪明的人应该懂得冷静沉稳地应对自己身边所发生的事情。

我们每个人都会犯一些非理性和思维上的错误。而把所有的大事小事，也不管是有无原则的都会和别人去较真，会因为一些非原则性的小事情去跟别人斤斤计较，这是很没有必要的。

人的一生中，终归是非无限的有限生命过程，生活中，也总会遇上一些或大或小，重要的非重要的大小事务。倘若人们既不分事务的巨细大小，也不管事情是属于什么样的性质，而统一应用一种很较真的态度去面对的话，那么，就会让自己从此陷入一种心灵和记忆的累赘中，而终日不可自拔。

每个人总会遇到太多浮躁和令人意志消沉的烦心事。倘若人们不懂得合理运用各式各样的方法，去将这种日常生活带来的烦心琐事，该丢弃的丢弃，该珍藏的珍藏，来进行合理地支配运营的话，那么，我们就会感到很累，而且这种累来自心灵深处的负累和沉重的压力。

其实，面对一些琐事，只要不是有原则性质和有意有心想要伤害他人的话，那么，当人们听到一些不利于自己的言论时，哪怕是些别有用心的对自己不太友善和太好的人所产生的言行举止的情形时，人们就可以用自己的理智，从容冷静地去处理这些生活中的烦恼事。

这样，既锻炼了自己能遇事冷静的处世习惯，又能在真正的大事来临和问题出现时，拥有处变不惊、冷静思考的本事。当你冷静地面对即将发生的事情时，就一定能够找到发生的问题和解决问题的办法了。

在现实生活中，面对他人的挑衅、指责、谩骂、围攻或者冷嘲热讽，我们一定要心静如水，保持冷静，一定要不慌不忙，沉着应对。我们要用之以智、动之以情、晓之以理。越是气急败坏、暴跳如雷，就越是损伤自己的形象；越是争吵不休、耿耿于怀，就越是大煞了自己的风度。反之，便显示出你的良好形象，显示出你的宽广胸怀，显示出你的人格风范。

在这个世界上没有人的人生能够一帆风顺，任何人都会面临困境和失败，冷静沉稳的心态会帮助我们克服各种各样的困难。很多时候，一个聪明的人应该懂得冷静沉稳地应对自己身边所发生的事情。

冷静使人清醒，冷静使人聪慧，冷静使人沉着，冷静使人理智，冷静使人豁达，冷静使人有条不紊，冷静使人少犯错误，冷静使人心有灵犀，冷静使人高瞻远瞩。

一个人生活在社会上，总免不了遇到一些不幸与烦恼。面对从天而降的不幸和烦恼，有的人能够泰然处之，有的人则方寸大乱。

为什么受到同样的心理刺激，不同的人却会产生如此巨大的反应呢？原因在于他们的心态不同。

现代医学认为，在影响人体健康和长寿的诸多因素中，精神和性格起着极其重要的作用。因为，虽然一个人的精神状态和性格特点同先天遗传有一定的关系，但主要决定于后天的社会环境和自然环境。

当你面临不幸和烦恼时，一定要稳定情绪，冷静思考，明察原因，要鼓足勇气扪心自问自己是否已经失去了渡过难关的信心？多去思考诸如此类的问题是冷静应对的秘方。另外，你一定要清楚地知道不幸和烦恼并不是不可避免的，也许自己会钻牛角尖，无端地把自己与不幸和烦恼捆绑在一起，是自己在折磨自己。

科学研究表明，“入静”能使由于紧张和兴奋而引起的脑细胞机能紊乱得以恢复正常。倘若你处于惊慌失措、心烦意乱的状态，就千万不要指望能够极其理智地思考问题，因为任何恐慌都会使歪曲的事实和虚构的想象乘虚而入，使你无法根据实际情况做出正确的判断。当你真正地平静下来，再看那些不幸和烦恼时，你会觉得没什么了不起的，实际情形比你想象的要好得多。

当你处于困境，被暴怒、恐惧、忌妒、怨恨等失常情绪包围时，不仅要压制它们，更重要的是千万不可感情用事，随意作出决定，要多想想别人为什么能够镇定自若地调动自己的潜能脱离困境而自己却做不到呢？

遇事冷静的人，时时刻刻都能控制住自己的情绪，决不会因为任务繁重而急于求成，也不会因为工作压力而浮躁不安。面对任务和压力，他们始终保持冷静，最大程度地利用自己能够利用的资源，日复一日、年复一年地执着拼搏。冷静是一种气质，一种高雅灵秀的气质。冷静的人遭辱不怒，遇险不惊，临谤不躁，受誉不骄，静心闻鸟语花香，豁然赏花开花落，坦荡观云卷云舒。冷静是一种素质，是一种即使面临生死关头也镇定自若的心态。冷静有时候还是我们的救命稻草。因此，遇到任何事情我们都要冷静沉稳，摆正自己的位置，控制自己的冲动。

第四章
打破思维的墙，你会发现自己大不一样

在奋斗过程中，我们不可避免地会遇到一些挫折和困难。此时我们需要坚持，但如果我们走进死胡同时，就没必要一条路走到底，应该适时停下来，转换思考的角度想一想出路。打破思维的墙后，你就会发现自己已经强大起来了，你会发现成功原来就在你身边。

1. 换个角度，你就会惊喜地发现不一样的自己

世界本身是没有问题的，障碍是由你的主观观念造成的。许多优秀人士之所以成功就在于，他总是用不同于常人的视角来审视生活中的每个细节，使自己的分析、判断、解决问题的能力达到非常人所及的高度。

任何问题都有多个思考角度。当我们遇到挫折困难时，根本没必要一条路走到底，直至走到死胡同。倘若能够适时停下来，转换思考的角度，很可能会柳暗花明，从而成功地战胜一个又一个人生的逆境。

在现实生活中，我们既不能够轻易放弃一个可能行得通的途径，也不应该墨守成规，要尽可能从多个不同的角度来思考问题。也许有些问题绞尽脑汁也无法想明白，但是如果冷静下来，换个思考角度就可能会茅塞顿开。找不到解决问题的突破口，通常不是因为问题太难，而是因为思考的角度出了问题而已。

有些时候，有些问题不能够用常规的办法解决，那么不妨从相反的角度来思考问题，找出解决问题的办法。

从前，有一位非常年轻的国王，他的国家很强大，他拥有数不完的

财富，只要他想得到的东西，大臣们总会想尽一切办法帮他得到，可是他仍然不满足，仍然不快乐。

而且这种郁闷的情绪随着时间的流逝变得越来越严重，国王慢慢地变得对任何事情都失去了兴趣，无论是什么东西或者什么事情，都很难让他开怀大笑，他甚至已经开始遗忘，快乐到底是一种什么样的心情。

大臣们想方设法也不能使年轻的国王开心起来，后来他们听到一个美丽的传说，必须寻找到一个最快乐的人，把他的衬衫献给国王，国王穿上后，就会变得快乐起来。

大臣们不放弃一线希望，于是，他们不惜一切代价，在全国寻找世界上最快乐的人。可是，寻找了很长时间，也没有找到这样的人。原来，世界上最聪明的人，也有不快乐的时候；世界上最博学的人，也有紧皱眉头的时刻。

后来，一个聪明的大臣找到了一个世界上最快乐的人。听说，不管遇到什么事情，他都能够始终保持快乐的心情，没有任何人任何事情能够让他感到悲伤难过。

国王听了，十分高兴，连忙下令马上把这个人的衬衫拿到王宫里来。

这个时候，大臣感到有点为难，他对国王说："可是，那个最快乐的人，他连一件衬衫都没有，他从来都是光着膀子的。"

我们总是在自以为是地追求着更加美好的生活，以为快乐就是需要我们拥有很多，然而，我们的欲望似乎并不是那么容易就能够得到满足，拥有的东西越来越多，可是我们却并没有因此变得更加快乐。现实生活中的你是否也像那位年轻的国王一样，总是在不停地寻找着自己未曾拥有的东西，到最后却忘记了快乐的理由到底是什么。

倘若我们的内心总是无法得到满足，也绝不是因为你拥有的太少。我们往往很容易总是盯着自己未曾拥有的东西，而忘记了已经拥有的东西。那么，即使是这个世界上最富有的人，也不会感到快乐和满足；而倘若我们能够变换个角度去看世界，就如同那个没有衬衫的人一样，感激每天太阳的升起，感激每一天的全新生活。

换一种角度去思考，才不会让你陷入欲望的深渊里，才会使你变得更加睿智。从不同的角度看问题，当然就会产生不同的想法。选择一个有利于自身发展的角度来看待遇到的各种问题，那么就会起到积极作用；反之，则会起到消极的作用。

倘若家里买来了成筐的苹果，你是否总是先吃那些已经开始腐烂，或者将坏掉的苹果扔掉？没过多长时间，好苹果一直在变坏，可你每天吃的仍然是那些腐烂了的苹果。其实，倘若你先吃好苹果，其实根本不会浪费多少，但是结果却会完全不同，关键是思维定式在作怪。

匆匆离开你的人，变成了你精彩回忆的一部分；曾经背叛你的人，让你更加清醒地认识这个世界；曾经恨过的人，让你变得更加坚强理智。其实，我们有更多的理由，抹去你记忆中的那抹灰暗，给它换上亮丽明媚的外衣。只是你是否已经为未来做好充足的准备，那么请换一种眼光来看待这个多姿多彩的世界。

那些让我们伤心难过的理由，倘若你能够换个角度考虑，会发现其实并不值得我们如此大动干戈，就像是桌子上盛了一半水的杯子，有的人十分沮丧地抱怨着杯子里只剩下一半的水了，有的人却欣喜万分地发现杯子里多出了半杯水。其实，一切都很简单，只要你能换一个角度来思考。

从前，一个悲观失意的年轻人，感到活着毫无意义，生命对他来说似乎没有任何价值可言。于是，他站在悬崖边准备结束自己的一生。正当他准备跳下去的时候，一位衣着褴褛的老者，放歌而过。

年轻人感到好奇极了，他十分不解地问老者："老人家，你为什么会如此快乐呢？"

老人微笑着说："天地之间，以人为尊，我生而为人；星辰之中，唯日月灿烂，我能早晚相伴；百草之中，最是五谷养人，我能终生享用，我为什么会不快乐？"

年轻人若有所思，但仍然满脸忧伤："老人家，我觉得非常自卑，感觉自己一点本事都没有，没有别人活得快乐潇洒。"

老者听了，笑了笑说："一块金子和一块泥土，谁更自卑呢？"

年轻人刚要回答，老者摆了摆手打断了他，继续说："假如给你一粒种子，去培育生命，金子和泥土谁更有价值呢？"说完，老者朗笑而去。

年轻人顿觉释然。

其实，很多时候换一个角度去思考问题是一件十分简单的事情，只要我们用一颗乐观开朗的心去观察生活，就不难发现，生活展现给我们的，并不是我们感觉的那么糟糕，那么阴霾，那么没有希望。而是，当你付出慈爱与温暖时，世界也会散发出希望甘甜的味道。

由此，我们会在不知不觉间惊喜地发现：世界是多么美好，只要你会拥有一双发现美的眼睛。

倘若你想把问题看清透，那么就得跳出思维的惯性，避开思路上的习惯，换一个角度去认认真真地思考。当你用心思考问题时，不妨"避开大路，潜入小径"。也就是说，有时候你可以躲开那些热门的话题，而把眼光转向那些不被人重视的角落。同样，当你遇到不如意的事情时，也完全可以换个思维的角度。因为，当你把眼光转向其他方向，把思考的角度转向其他方位时，你就进入了一片未被开垦的领域，而在这片领域里耕耘，或许开始时的收获还不够多，但却有无限的发展前途。

人们常说："角度决定高度。"决定你人生高度的不是你的学历、背景、资历、经验，而是你看问题、思考问题的角度。世界本身是没有问题的，障碍是由你的主观观念造成的。许多优秀人士之所以成功就在于，他总是用不同于常人的视角来审视生活中的每个细节，使自己的分析、判断、解决问题的能力达到非常人所及的高度。

2. 冲破一时的僵局，长一双会听话的耳朵

当你拥有一双会听话的耳朵，仔细认真地倾听别人的说话，便会在不知不觉中冲破一时的僵局。

僵局是无法预料的，在我们的工作和生活中也是无处不在的，如约会的时候、面试的时候、主持会议的时候、和陌生人一同进餐的时候。因为我们经常会遇到一些意想不到的事情，这个时候很容易就陷入僵局。面对此种情形，有些人会为此尴尬万分、大为失态；有些人却能悄然化解、轻松摆脱。

那么，那些凭借智慧化解人生僵局的人到底是如何做的呢？原来，当你拥有一双会听话的耳朵，仔细认真地倾听别人的说话，便会在不知不觉中冲破一时的僵局。

下面是墨顿的亲身经历：

他在新泽西州纽瓦克市的一家百货公司买了一套西装，结果这套西装令他非常不满意，上衣褪色，弄脏了他的衬衫领子。很快，他就把西装送回店里，找到了当初卖给他的那位店员，他试着把情形说出来，但被店员打断了。那位店员说：“这种西装我们卖了好几件，你是第一个

抱怨的人。”

这是他所说的话，但他的语调更糟糕，他那咄咄逼人的语调仿佛在说：“你简直是个骗子！我一定要给你一点颜色瞧瞧。”

在这场激烈的争吵中，第二位店员插嘴进来，他说：“所有深色的西装，因为颜色的关系，开始的时候会褪点颜色，这是没有办法的，这种价钱的西装都是如此。”

“这个时候我已经怒火中烧了，”墨顿先生是这样说的，“第一个店员对我的诚实感到怀疑，第二个暗示我买的是假冒货。我听了怒气一下子涌上了心头，我正想叫他们滚到地狱去的时候，突然间，服装部的经理走过来了。他很有一手，他一下子把我的态度整个改变过来。他让一个恼羞成怒的人变成了一名令人满意的顾客，下面就是他所做的。

“第一，他从头到尾地听我把事情叙述一遍，没有说一句话。

“第二，当我说完的时候，那两个店员又提出他们的说法，他却以我的观点跟他们争辩起来，他不只指出我的领子显然是被那套西装弄脏了，还坚持说该店所卖出的东西，必须令顾客感到百分之百地满意。

“第三，他承认自己不知道毛病出在什么地方，他很直接地对我说：‘你要我怎么处理这套西装呢？我可以完全按照你的意思做。’

“就在几分钟前，我还准备叫他们收回这套该死的西装，但这时我却回答：‘我只要你的忠告，我很想知道这种情形是否只是暂时的，以及是不是有什么可以补救的办法。’

“他提议我再穿一个星期看看，‘倘若那时候你还不满意，再带来，我们再换一套让你感到满意的。不好意思，给你带来如此多的麻烦。’

“我满意地走出那家商店。那套西装穿了一个星期后，没有什么问题发生，于是我对那家百货店的信心，又全部恢复过来了。”

难怪那位经理是服务部的主管，至于他的两名下属，他们将永远只能当个平凡的店员而已，他们很有可能会被降到包装部去，他们在那儿，将永远没有机会接触到顾客。

伊萨克·马克森，可能是世界上第一等的名人访问者，他认为许多人不能够给别人留下很好的印象是因为他们从不注意听别人讲话。“他们太关心自己要讲的下一句话，而不打开他的耳朵……一些大人物告诉我，他们喜欢善听者胜于善说者，但是善听的能力，似乎比其他任何的物质还要少见。”

在生活中，不只是大人物喜欢别人的倾听，普通人同样是如此。正如有人所说的：“许多人去找医生，但他们所需要的只是一名听众而已。”

韦恩是罗宾见到的最受欢迎的人物之一。他总是能够受到别人热情的邀请。经常有人请他参加聚会、共进午餐、担任基瓦尼斯国际或扶轮国际的客座发言人、打高尔夫球或网球。

一天晚上，罗宾碰巧到一个朋友家参加一次小型社交活动。

他发现韦恩和一个十分漂亮的女孩坐在一个角落里。出于强烈的好奇心，罗宾远远地注意了一段时间。罗宾发现漂亮女孩一直在说，而韦恩好像一句话也没说。他只是有时笑一笑，点一点头，仅此而已。几小时后，他们起身，谢过男女主人，走了。

第二天，罗宾见到韦恩时禁不住问道：

“昨天晚上我在斯旺森家看见你和最迷人的女孩在一起，她好像完全被你吸引住了。你怎么会这么有魅力？”

“很简单。”韦恩说，“斯旺森太太把乔安介绍给我，我只对她说：

‘你的皮肤晒得真漂亮，在冬季也是漂亮，你到底是怎么做的呢？你要去什么地方呢？阿卡普尔科还是夏威夷？’

“‘夏威夷。’她说，‘夏威夷永远都风景如画。’

“‘你能把一切都告诉我吗？’我说。

“‘当然。’她回答。我们就找了个安静的角落，接下去的两个小时她一直在谈夏威夷。

“今天早晨乔安打电话给我，说她非常喜欢我陪她。她说真的很想再见见我，因为我是个非常有意思的谈伴。但是说句老实话，整个晚上我根本就没有说过几句话。”

看出韦恩受欢迎的秘诀了吗？其实很简单，韦恩只是让乔安谈自己。他对每个人都这样——对他人说：“请告诉我这一切。”这足以让一般人激动好几个小时。人们喜欢韦恩就因为他注意他们。

倘若你想知道怎样使人躲避你，背后笑你，甚至轻视你，你完全可以选择决不静听别人说话，不断地谈论你自己。倘若在别人谈话时，你有自己的意见与想法，那么不要等别人把话说完，因为他没有你聪慧。为什么要浪费你的时间去听他无谓的闲谈？即刻插嘴，在一句话当中打断他。

那些讨厌的人就是为自私心及自重感所麻醉的人。那些只一个劲儿地谈论自己的人，往往只会为自己设想。有名人曾说过这样一句话：“只为自己设想的人是无可救药的缺乏教育者。他确实没有受过教育，无论他如何受人教导。”

所以，倘若你想让自己成为一个善于谈话的人，那么先得学会做个注意倾听他人说话的忠实听众。倘若你想使别人对你感兴趣，那么你就得先对别人感兴趣。问一些别人喜欢回答的问题，鼓励他谈论自己及他所取得的辉煌成就。不要忘记正在与你谈话的人，对他自己的一切情况比对你及你的问题要感兴趣 100 倍。他注意自己颈上的小痣比注意非洲的 40 次地震还要多。

3. 挣脱人生的枷锁，按自己的规则走自己的路

在生活中，很多时候我们经常被各种常见和常识包围在生活情境之中，我们既依赖于它们，同时又被它们所制约和束缚。人们的智慧被封闭了，然而当你能够打破束缚、走出不必要的框框时，便会找到问题的最佳方法。

人们常常说，规则就是力量。看惯了大多数人按规矩办事，在不经意之间，旧有的规则成为束缚我们前进的枷锁，渐渐地也失去了自己的创新精神，于是在特殊时候往往不能够获得成功。

一位魔术大师胡汀尼有一手绝活，他能够在极短的时间内打开任何一个锁，不管它有多么复杂，而且从来都不会失手。他曾为自己定下一个富有挑战性的目标：要在60分钟之内。从任何锁中挣脱出来，条件是让他穿上特制的衣服进去，并且不能有人在旁边观看。

有一个英国小镇的居民，决定向这位骄傲无比的胡汀尼挑战，有意给他难堪。他们特别打制了一个坚固的铁牢，配上一把看上去极其复杂的锁，请胡汀尼来看看能否从这里出去。胡汀尼接受了这个非常严峻的挑战。他穿上特制的衣服，走进铁牢中，牢门“哐啷”一声关了起来，

大家遵守规则转过身去不看他工作。胡汀尼从衣服中取出自己特制的工具，开始工作。

30分钟过去了，胡汀尼用耳朵紧贴着锁，十分专注地工作着；45分钟，一个小时过去了，胡汀尼头上开始冒汗。两个小时过去了，胡汀尼始终听不到期待中的锁簧弹开的声音。他筋疲力尽地将身体靠在门上坐下来，结果门却顺势而开，原来，牢门根本就没有上锁，原来那把看似极其厉害的锁只是个样子。

小镇的居民故弄玄虚，捉弄了这位大师。大师的失败在于他太专注这把具有象征意义的锁了，他的目标从“逃生”不知不觉地换成了“开锁”。而且，先入为主的概念告诉他：只要是锁，就一定是锁上的。

人生就不是一把锁，很多时候我们往往被外在的规则所束缚。但是，却不曾发现我们的执着竟然会变成枷锁。其实，没有必要非要怎样，我们完全可以挣脱枷锁，做个崭新的自己，按自己的思维与想法去走自己的人生道路。

从前，一位农民欠高利贷者一大笔钱，他无力偿还。放债者就想趁机占有农民美貌的女儿。因此提出只要农民将女儿嫁给他，债款一笔勾销。农民和他的女儿都不愿意，可又无力偿还债款。

于是债主又提出，让老天来决定这件事，他会准备两个分别装有白色鹅卵石和黑色鹅卵石的钱袋，让农民的女儿从中选择，倘若选中的是黑色鹅卵石的话，姑娘就必须嫁给放债者，而债务也能得以免除；倘若选中的是白色鹅卵石的话，姑娘就不用嫁给放债者，债款也一笔勾销。倘若她拒绝选择的话，她的父亲就会被关进监狱。

他们就在田野旁的鹅卵石铺成的道路上进行选择。在他们说话的时候，聪明的姑娘发现放债者极为狡猾，装进钱袋子里的鹅卵石全是黑色的。

放债者准备好钱袋后让姑娘选择。

那位姑娘伸手从袋子里随便掏出一块鹅卵石，装作不小心掉在道路上。由于路都是由各种颜色的鹅卵石铺成的，所以就不能确定姑娘掉的那块鹅卵石是什么颜色的。

但是姑娘却认为，没有关系，只要我们看看袋子里另一块鹅卵石是什么颜色的，就能知道我选的是哪一块了！

因为剩下的那块鹅卵石一定是黑色的，所以人们自然就认定，那位姑娘选择的是块白色鹅卵石。就这样这位姑娘利用自己的聪明才智，将看似无法改变的局面转变为有利于自己的结果。

在生活中，很多时候我们经常被各种常见和常识包围在生活情境之中，我们既依赖于它们，同时又被它们所制约和束缚。人们的智慧被封闭了，然而当你能够打破束缚、走出不必要的框框时，便会找到问题的最佳方法。

有一家牙膏公司因为产品质量优良，性价比高，所以受到了顾客的喜爱，每年的销售额也非常可观。然而，在随后的几年里，销售业绩却停滞下来，每个月总是维持着大致相同的销售额。总裁对业绩表现感到很不满，便召开全国经理级高层会议，以商讨对策。会议中，有名年轻经理站起来，从容地对总裁说："我手中有张纸，纸里有个建议，若您要使用我的建议，必须另付我 5 万元!"

总裁听了极为气愤地说："我每个月都支付你薪水？另有分红、奖励。现在叫你来开会讨论，你还另外要求 5 万元。是不是过分了？"

"总裁先生，请别误会。如果我的建议行不通，您可以将它丢弃，一分钱也不必付。"年轻的经理解释说。

“好！”总裁接过那张纸后，看完，马上签了一张5万元支票给那年轻经理。那张纸上只写了一句话：将现有的牙膏管口的直径扩大1毫米。总裁马上下令更换新的包装。下个月，营业额增加了30%。

这个故事，牙膏管口增加了小小的1毫米，却给公司的营业额增加了30%。真可谓，换一种思维方式，多一个创意，多一些收获。

在现实生活中，我们常常会看到一些人钻入死胡同成了“憋死牛”。之所以如此，就是因为他们往往沿着一条道路走到黑，头撞南墙却从来不知道转个弯，结果弄得自己到处碰壁。事实上，打破束缚，按照自己的规则行事也会走出一片属于自己的蓝天。

一个人倘若受习惯思维的影响，得出来的判断是大同小异。这种思维不是不对，但是，倘若能够长期局限于这样去思考问题，往往使人的创新能力不能够得到最大程度的发挥。人生要有所作为，就离不开创新，而创新的源泉实际上就是突破自我、突破常规和思维定式，从思想上首先战胜自己。

4. 换个思路，你的世界将会大不同

萧伯纳说："明智的人使自己适应世界，而不明智的人坚持要世界适应自己。"变通是一种人生的大智慧。人生处世面对层出不穷的矛盾和变化，最有效的办法就是要学会变通。从某种意义讲，变通就是寻求一种解决问题的新方法。遇到新的情况，就换新的想法去应对。

种子落在土里长成树苗后最好不要轻易移动，一动就很难成活。而人就不同了，遇到问题来个脑筋急转弯，就会找到一个合适的方法，那么你的世界就会变得完全不同。其实，我们在做任何事情时要学会变通，不能太死板，要针对具体问题具体分析。很多时候，千万不要被经验束缚了头脑，要冲出习惯性思维的樊笼，执着当然是极其重要的，可是盲目地执着绝对是不可取的。因此，如果你懂得依据现实情况采取措施，必要的时候灵活变通一番，那么你的梦想也会在不知不觉间变成现实。

善于变通思维，就能找到解决问题的好办法。当你从一个方向思考问题陷入困境时，变通一下思维，从另一个角度思考问题，便会有意想

不到的收获。

美国威克教授曾经做过一个有趣的实验：把一些蜜蜂和苍蝇同时放进一只平放的玻璃瓶里，使瓶底对着光亮处，瓶口对着暗处。结果，那些蜜蜂拼命地朝着光亮处挣扎，最终气力衰竭而死，而乱窜的苍蝇竟然都溜出细口瓶颈逃生。这一实验给我们一个深刻的启发：在充满不确定性的环境中，有时我们需要的不是朝着既定方向的执着努力，而是在随机应变中寻找求生的路；不是对规则的遵循，而是对规则的突破。我们从来不会否认执着对人生所起到的推动作用，但也应该知道在一个经常变化的世界里，灵活机动往往比呆板衰亡要好得多。

只知道执着的蜜蜂走向了死亡，知道变通的苍蝇却生存了下来。执着和变通是两种人生态度，不能单纯地说哪个好哪个不好。单纯的执着与单纯的变通，二者都是不完美的。只有二者相辅相成才能取得最后的成功，我们要学会执着与变通二者兼顾。在应该执着的时候就执着，在应该变通的时候我们不妨让自己的脑筋转个弯。

晓枫是一位精明强干的年轻人，他在一家外资企业里做事。办公室里有位同事，年龄、学历等方面条件都与晓枫相仿，只是这位同事在办公室里只用“约翰”这个英文称谓，晓枫对此却不以为然。

两个条件相近的年轻人在同一个单位工作，自然产生激烈的竞争。时间长了，晓枫发现自己的能力和干劲绝对不比约翰差，可是外国老板却对约翰更赏识。常常是他们两人同在办公室办公时，老板打电话把约翰叫去商量事情。而且有一次晋升的机会，老板也毫不犹豫地给了约翰。晓枫感到十分苦恼，但却不知道是什么原因。

不久晓枫被派去做一件有难度的工作，他充分发挥才干，事情办得极其出色。外国老板感到十分高兴，夸赞他说：“你比约翰要强。”接着又问他："你能否起个英文名字呢？你的中文名字我叫起来实在太费力了。"至此，晓枫才明白，原来自己先前与约翰待遇的差别，是由名字引起的。

晓枫后来也起了一个顺口的英文名字。他现在想通了，人要在一定程度上放弃固执，来顺应大的环境，与时俯仰。特别是当你向着某个既定目标努力时，如处处执拗，那样的话只能被环境所淘汰。

变通讲究灵活，它不从一个角度看问题，而是时常变换几个角度，从而找到合理的解决办法。

做事要学会灵活变通。在实际工作中，任何事物的发展都不是一条直线。聪明的人能看到直中之曲和曲中之直，并能不失时机地把握事物迂回发展的规律，通过迂回应变，达到既定的目标。反之，一个不善于变通的人，"一根筋"只会四处碰壁，被撞得头破血流。

因此，当我们遇到一些困难挫折时，不能总是一味地固执己见，或无法应对时就束手无策、坐以待毙。只要灵活变通，脑子转快些、灵活点，别"一条道跑到黑"，那么就能够很好地解决自己面对的难题。

萧伯纳说："明智的人使自己适应世界，而不明智的人坚持要世界适应自己。"变通是一种人生的大智慧。人生处世面对层出不穷的矛盾和变化，最有效的办法就是要学会变通。从某种意义讲，变通就是寻求一种解决问题的新方法。遇到新的情况，就换新的想法去应对。

变通是生活中不可缺少的智慧。有时候我们需要执着，但执着不是固执。做人不能太固执，要灵活变通。善于灵活变通者，对手也能够变为朋友，这就等于为自己的未来平添了一条路。因此，要变通你的思路和态度，不要总是"一根筋"走到天黑。

在工作和生活中，"一根筋"不但不利于合作，还会使工作效果受到很大的影响。工作上的交往不同于个人选择挚友良朋，应该从工作的层面上考虑，尽量搞好彼此的合作。这种合作，是比较宽泛和宽容的。

任何人都有自己的思想、习惯及爱好，倘若在与他人合作中，过分强调对方行为性格中与自己的不同之处，就会因为这些微小的隔阂而引起沟通上的障碍，产生好恶，从而影响合作。

现实生活中，几乎每个人都有可能与不好应付的人打交道。在与人交往中，人们也相当重视交际技巧这方面的问题。

绝大多数的人与这种类型的人往来时，心情都相当不轻松、不愉快。倘若可能的话，大家都想对他们避而远之。但是，既然无法避免，最好的方法便是正视并面对这种人，并设法寻求解决之道才是王道。

唯一的克服方法，就是打开心胸，消除偏见以及找出对方的优点，再放下架子虚心跟他接触。这些方法，确实具有正面的意义。然而，在付诸行动时，这种不好应付的人经常不按牌理出牌，所以，要想达成自己的目标绝不是一件十分容易的事情。而且，一般人均很难轻易地从脑海中消除成见。因此，在处理这种人际关系时，必须先在想法上作巧妙的适当的转变。

一个聪明的人一定要掌握“变通”的本领。当你遇到阻力而停滞不前，或因困难阻碍难行时，就要懂得适时地灵活变化一下方向，那么阻力就会在不知不觉间变成你前进的动力。正所谓“低头也是一种智慧”，低头不是对人臣服，而是一种灵活变通的智慧，是调整状态，相机而动。所以你一定要抛弃你的“一根筋”。

善于变通的人才能够真正地认识到机会的重要性，并会及时采取行动以抓住机会。变通能力需要以洞察力和行动力为武器，时时与自身固执的心态作斗争。倘若固执的心态始终无法根据实际情况有所变通，那么你恐怕只会落得个悲惨的人生命运。

第五章
将每一件事都做得尽善尽美

做事并不是十分困难，人人都在做，天天都在做，难的是只给自己一次机会，一下子做到位。如果我们能将每一件事都做得尽善尽美，我们就不知不觉地成功了。

1. 只给自己一次机会，做事一下子做到位

从表面看，是对工作之“度”的衡量和评价，实质上，是责任之“心”的外在表现工作。到位，必须心先到位。心到位了，才能把工作想到位、做到位。

不患无策，只怕无心。这是一句古人常说的话。这个“心”用今天的话来说，就是对工作的责任心。用事业心、责任心衡量就会发现，工作中没有到位的地方还很多，可以到位、应该到位的空间还很大。从现象上看，这些不到位的问题是因为想得不细、措施不力，但根源出在事业心、责任心的缺失上，是“心”未至导致“行”止步，使一些本来应该做好而且可以做好的工作走了过场、打了折扣，甚至半途而废。

做事做到位是每一个员工最起码的工作准则，也是一个人做人的基本要求。做事一定要做实，做细，做到位，做到每一件都是成功的。态度决定一切，细节决定成败，一定要认真，负责任，做对，而不能马虎，粗心大意，敷衍塞责，应付了事。

海尔集团总裁张瑞敏先生说过，如果让一个日本人每天擦六遍桌子，他一定会始终如一地做下去；而如果是一个中国人，一开始他会按

安排擦六遍，慢慢地他就会觉得五遍、四遍也可以，最后索性不擦了。中国人做事的最大毛病是做事不认真、不到位。每天工作欠缺一点，天长日久就成为落后的顽症。

吉姆与约翰同时在一家商场工作，开始时两个人都领一样的薪水，但是过了一段时间后，吉姆得到了老板的提拔，薪水倍涨，而约翰却仍然在原地踏步。约翰到老板面前发牢骚，老板听完约翰的抱怨后，郑重其事地对他说："我无法提升你，是因为你做事不到位，执行力不强！"约翰不明白老板的意思。老板只好想了一个办法让他看到自己与吉姆的差别。

"约翰，你到集市去一趟，看看今天有什么卖的东西。"老板对约翰说。约翰到集市上逛了一上午后，回来向老板汇报说："今天有一个农民拉着一车土豆在卖。""有多少？"老板问他。约翰一脸茫然。"那么价格是多少呢？"老板又问。约翰根本就没有注意到这个问题。

老板看了看约翰，说："你坐在这里，等会儿看看吉姆是怎么做的！"

吉姆很快从市场上回来，向老板报告说："集市已经散了，现在只剩一个农民在卖土豆，还有 20 袋，价格是 10 美分一斤，土豆质量很好。我带回了一个，给您看一下。"说着，吉姆把土豆递给了老板。他又接着说："那个农民说，明天他要运几箱西红柿来。我看他的价格还是比较合理的。昨天，我看了一下库存，咱们的西红柿已经不多了，我想老板可能需要这些西红柿，所以我不仅带回了西红柿的样品，还带回了那个农民。现在，那个农民在外面等你回话！"

听着吉姆的汇报，约翰目瞪口呆。老板转脸问约翰："你知道为什么吉姆的薪水比你高了吧？"

吉姆之所以得到老板提拔和重用，就是因为他把工作做到了位——他不但用短暂的时间弄清楚了市场上有什么、有多少、售价怎样，还带回了土豆的样品，更重要的是，他还了解到商店的库存缺少西红柿，直接将农民带了回来。有这样细心的员工，哪个老板不高兴呢！我们将事情做到位，才能取得工作成果，才能拉开与别人的差距，才能被老板和上司赏识。

做事并不是十分困难，人人都在做，天天都在做，难的是只给自己一次机会，一下子做到位，做到成功为止。有的人只管上班，不管贡献，只按照上司的吩咐做事，不去计较结果，能够敷衍的就敷衍，能够拖拉的就拖拉，这些都是做事不到位的表现。

从这些表现中，我们就可以看出，做事不到位不仅不利于个人取得成绩，也不利于工作效率的提高，从而影响整个公司的发展。所以，每个人都不必抱怨自己没有机会，也不必抱怨上司对你不公，这一切都是你自己造成的。

做事并不是十分困难，人人都在做，天天都在做，难的是只给自己一次机会，一下子做到位。如果我们能将每一件事都做得尽善尽美，我们就不知不觉地成功了。

事实上，差之毫厘，谬之千里，彼此之间巨大的距离正是由于我们每个人的一点点差距造成的。我们要做一位把事情做到位的人，只有这样我们才能一步步地走向成功。齐格勒说：“倘若你能够尽到自己的本分，尽力完成自己应该做的事情，那么总有一天，你能够随心所欲地做自己想要做的事情。”反之，倘若你凡事都得过且过，从不努力，那么你永远无法达到成功的顶峰。对这种类型的人，任何一个人都会毫不犹豫地把他排斥在自己的重用之外。

做事做到位应该经常注意工作态度、工作方法和工作水平的转变，改进和提高，也是做事做到位应有的基本认识和要求。一个称职的员工，必须知道事情在不同的环境下应该怎么做，遇到各种困难时不放弃自己的责任，尽力协调处理各种关系，以求把事情一次做到位。我们每个人都应当学会热爱自己的工作，即便现在的工作不是你最喜欢的。因为对工作充满热情和责任的人才会自觉转变自己的工作态度，恰当地改进工作方法，努力提高工作水平。只有这样，他才更容易将事情做到位。

事实上，每个人在工作中都应该把事情做到位。只有做到位，才能提高工作效率，才能获得更多的发展机会，才能在自己的生涯中获得巨大的成功！

2. 没有做不好的事，只怕“认真工作”的人

> 无论你从事何种职业，都要认真地做好你手上的每件事情。下功夫把知识学好，把问题弄懂，把技术学精，成为本行业中的行家里手，精通自己的全部业务，就能赢得良好的声誉，这样你才能够一步步地接近成功的大门。

所谓认真工作就是用脑筋去思考，用思想去领导，用观念去武装，用行动去落实；只做表面文章而不能深入到实质，根本不去认真工作，那是为了做事而做事。

认真做好每件工作，这不仅是工作的原则，更是人生的原则。倘若没有了职责和理想，生命就会变得毫无意义。有一位退休的老员工告诫他刚参加工作的儿子说：“无论以后你从事什么样的工作，都要全身心地投入。能够做到这一点，就不用再为自己的前途操心。世界上到处是散漫粗心、三心二意的人，那些心无旁骛、全身心投入工作的人始终是不用愁没有工作的。”无疑这位退休的老员工是睿智的。

从他的话中，鲜明地揭示了一个放之四海而皆准的真理：一个人无论身居何处，无论从事何种职业，都要首先全身心投入其中，尽自己最

大的努力，求得不断地进步。有些人之所以能够取得成就，原因就是他在某个领域中全身心投入过。

不要抱怨你的工作太多、太苦、太累；不要抱怨你的薪水太少、收入太差；也不要抱怨自己在一个单位干了一辈子，还只是一个毫不起眼的小角色；更不要抱怨命运的不公。"生活的不幸咎在自身。"在你开始抱怨前，请先问问你的内心：你在怎样工作？你对工作投入了多少？对待任何一项工作，我们只有全身心投入，才能谱写职业生涯辉煌的篇章。

著名亚洲商业领袖李嘉诚曾经说过："做生意不需要学历，重要的是全身心投入。"通用公司前 CEO 杰克·韦尔奇也曾经说过："干事业实际上并不依靠过人的智慧，关键在于你能否全身心投入，并且不怕辛苦。实际上，经营一家企业不是一项脑力工作，而是体力工作。"

乔治和盖茨是同班同学。大学毕业时，恰逢英国发生经济危机，两人都找不到工作。于是，万般无奈之下，他们降低了要求，去一家工厂求职。这时，正好这家工厂缺少两个打扫卫生的员工，问他们是否愿意干。盖茨考虑了一会儿，接受了这份工作，因为他不愿意靠社会救济金生活。

虽然乔治打心底里瞧不起这份工作，但他还是决定留下来陪盖茨一块干一阵子。他工作懒散，每天打扫卫生都敷衍了事。刚开始时，老板以为乔治刚从学校毕业，缺乏锻炼，再加上恰逢经济危机，也很同情他的处境，便原谅了他。然而，对于这份工作，乔治从内心深处充满抵触情绪，每天都在应付自己的工作。结果，刚干满 3 个月，乔治便产生了不再继续做这份工作的念头，辞职重新找工作。当时，很多企业都在裁员，到哪里去找一份适合自己的工作呢？最后，他只好依靠社会救济金生活。

相反，盖茨在工作中放下了大学毕业生的架子，完全把自己看作是一名打扫卫生的清洁工，每天把办公楼走廊、车间、场地打扫得干干净净。没过多久，老板便让盖茨给一个高级技工当学徒。

由于工作积极，认真肯干，一年后，盖茨成为一名技工。尽管如此，他仍旧抱着一种积极的态度，在工作中努力进取，认真负责地去做任何一件事。一年后，盖茨成为老板的助理。

对工作认真负责、有事业心和责任感，这是每个员工都应该做到的。不管做什么，我们都应该珍惜已经拥有的机会，对于自己分内的工作一定要力求完美，尽职尽责，不能马马虎虎，随随便便应付了事。倘若我们连简单的事情都做不好，或者不肯付出心血认真去做，何谈去打理复杂的事、全局性的大事？

其实，所谓大事、复杂的事，也都是由一桩桩简单的小事组成的。每件小事都值得认真去做，成功来源于平凡工作的积累，没有人一进入社会就会拥有重要的职位和令人羡慕的薪水。中国也有句名言说："细微之处见精神。"任何事情，都是由一些细节组成的，所以要完成一件大的工程，都是要从最基本的事情做起，一步一个脚印，将每一步都做到位，打好基础，才能完成更大的工作。

凡事从简单做起，从细微之处入手，把功夫用在平时，注重点点滴滴的积累，认真做好每件事情，才能不断地超越自己、提高自己，逐步地走近成功。一位总统在学校做演讲时说："比其他事情更重要的是，你们需要知道怎样将一件事情做好；与其他有能力做这件事的人相比，倘若你能做得更好，那么，你就永远不会失业。"

认真做好每件事是一个好习惯。一个优秀的人，必然是一个认真做事的人。认真做好每件事才能够培养出良好的工作习惯。

认真做事与用力做事它们之间虽有一字之差，有时感觉似乎也差不多，但实际上却有着本质的差别。用力做事，只求把事情做完，一般不追求结果的好坏，是一种非常低的做事标准，达到的效果最多只是合格；认真做事则不一样，它追求的是一种积极的结果，一种优异的工作质量，达到的是优秀的结果。

认真做好每件事是一种负责任的表现。一个人有了责任心，认认真真地去工作，就没有做不好的事，更没有做不了的事。同样的道理，倘若一个人能够认真做事，哪怕是再普通的小事，再平凡的工作，都会做出不一样的“味道”来。

认真做好每件事是一种良好的习惯，无论对公司还是个人来说都是非常重要的事情。在现代职场中，人与人之间的能力差别并不是很明显，特别是在一些基础性岗位。而衡量一个人是优秀还是一般，往往就看他是否认真做事。所以，一旦养成认真做好每件事的好习惯，将会使你终身受益。

无论你从事何种职业，都要认真地做好你手上的每件事情。下功夫把知识学好，把问题弄懂，把技术学精，成为本行业中的行家里手，精通自己的全部业务，就能赢得良好的声誉，这样你才能够一步步地接近成功的大门。

3. 天下大事必成于细，做好小事才能做大事

只有做好工作中的每一件小事，才会取得比别人更细致、更丰厚的工作成绩。所以，抓紧时间做好你手边的每一件事，是走向成功的必由之路。

在职场上，根本不存在什么不值得做的事情，你接受的最小的一件事也同样重要，也需要你全心全意地把它做好——即便它们很琐碎，很微不足道！但是，有很多人却不以为然，而且还常常在工作中闹情绪。

一切从小事做起，是任何一名员工做好工作的第一步；也是员工调整好心态，积极主动去工作的第一步。不过，“做小事”是一回事，“做好小事”又是另一回事。在很多时候，小事做起来是枯燥的，需要有持之以恒的信念和毅力。一个人能力的高低在很大程度上体现在能否把事情做透、做好，即事情的细节反映出做事的水平。有句话说得好：“天下大事，必作于细。”倘若以消极的心态对待小事，只把小事作为一个形式，敷衍了事，浅尝辄止，则会连小事都做不好。

做小事是一种做事的方法，更是一种人生态度。学历高低只能证明你的文化素质，并不能代表你的能力。企业用人更看重你的做事能力，

不会做小事的人肯定也不会做大事。因此，每个人都应该从现在做起，从本职做起，既胸怀大志，又远离浮躁，在做小事中历练自己，争取早日实现自己的目标。

俗话说，“冰冻三尺非一日之寒”，成功不是骤然而起的，而是由点点滴滴的细微的成功凝聚而成的。只有做好工作中的每一件小事，才会取得比别人更细致、更丰厚的工作成绩。所以，抓紧时间做好你手边的每一件事，是走向成功的必由之路。

倘若你无视你身边的小事，根本不把小事当回事，那么很容易失去自我。一个人连小事都无法做好，又去如何做大事呢？久而久之，相信你会为自己轻率的举动付出代价，甚至落得个悲惨的结局。

沃尔夫 9 岁那一年，因为急于赚钱，他去问他家附近的报纸经销商米塞里，能不能让自己放学后兼职送报。米塞里向他提出了一个条件：倘若他有自行车，就给他一条送报路线。

沃尔夫一家住在芝加哥，身兼数职的爸爸给他买了一辆二手自行车，但接着爸爸就因肺炎住进医院，没办法教他骑。

非常幸运的是，米塞里没说要看沃尔夫的骑车技术，而只是要看看自行车。因此，沃尔夫把车推到他跟前，让他看看，就上了工。

送报可不容易，尤其是星期天的报纸，页数多，分量重，沃尔夫便一步步上楼去送，倘若是公寓大楼，就送到门口。碰到下雨或下雪，他拿爸爸的旧雨衣盖在报纸上面，不让报纸被淋湿。

爸爸出院回家后，白天恢复工作，却因身体太弱，不能再去做别的事情。为了应付开支，只好卖掉了沃尔夫的自行车。

后来，米塞里虽然也知道了沃尔夫没骑车送报，对此却绝口不提。

半年下来，沃尔夫送报纸路线上的订户从 36 户增加到 59 户。

那一年圣诞节前的晚上，沃尔夫去按第一个订户的门铃，屋里灯亮着，却没有人开门。

他到另一家去，也没人开门。

没多久，沃尔夫已经敲遍了大多数订户的门，按了他们的门铃，但看样子家里一个人也没有。

沃尔夫很着急，因为第二天就是交报费的日子。圣诞节就在眼前，他却没想到大家都会出门买礼物。

接着，沃尔夫走到戈登家，当听到屋里有音乐和人声的时候，他心里简直是高兴极了。沃尔夫按了门铃，大门应声而开，戈登几乎是把他拖进门去的。

令沃尔夫诧异的是，他的59位订户几乎全部挤在戈登的起居室里，房间中央有一辆崭新的自行车，深红色，有一盏电池车灯，还有车铃，把手上挂着帆布袋，里面鼓鼓地塞着五颜六色的信封。

“这是给你的，”戈登太太说，“我们大家都凑了一份。”那些信封里是圣诞卡和付那个星期应付的报费，大多数信封里还有一笔丰厚的小费。沃尔夫一下子惊呆了，不知道该说些什么。

回到家，沃尔夫点了点小费，超过100美元——这笔意外之财，使他成为家里的英雄，也让他们家过了一个欢愉的圣诞假期。

沃尔夫从此懂得即便是最小的事情也要把它做好。而正是这种做事方法，使他由此踏上了成功之路。

细节是一种习惯，是一种积累，也是一种眼光，一种智慧，是一种长期的准备。在工作和生活中，假如我们关注了细节，就可以获得一些机遇，也就为成功奠定了一定的基础。

有的人以为当官才能做大事，或者只想做大事，最终肯定成不了大事，因有其职斯有其责，有其责斯有其忧。倘若力不及所负，才不及所任，必然祸及己身，导致混乱，所以，只有关照小事，成就大事，重要的是做好眼前的每一件小事。所谓成功就是在平凡中做出不平凡的坚持，并养成长期对待工作的认真和精细的态度。当然，我们这里说的细节是决定成败的细节，而不是无聊的没有任何意义的琐事，注重细节不是为小事抓狂。人生在世，难免为小事烦恼。其实，有些小事完全可以不必放在心上。无论工作还是生活，都要有个重点，不要胡子眉毛一把抓，该做的事情没有做，芝麻大的小事反而占去了我们宝贵的时间。这样因小失大，实在是太不值得。该出手的时候就出手，该放手的时候就放手。统筹规划，突出重点，兼顾平衡，这样我们的人生才不至于被琐事牵绊，才能集中精力，放开手脚做一番伟大的事业。我们每个人都明白一个道理：任何大的成功，都是从小事一点一滴累积而来的。没有做不到的事，只有不肯做的人。想想你曾经历过的失败，当时的你真的用尽全力去尝试各种办法了吗？困难绝不会是成功的障碍，只有你自己才可能是一个最大的绊脚石。很多时候，扎实的基础是成功的法宝。假如一味地追求过高的目标，将会丧失眼前可以成功的机会，让自己沦为高远目标的牺牲品。

只有实干，才能脱颖而出。那些充满乐观精神、积极向上的人，总有一股使不完的劲，神情专注，心情愉快，并且主动找事做，在实干中实现自己的理想。身处职场上的人们，要懂得不为薪水而工作；想要获得成功，实现人生目标，就不要仅仅只为薪水而工作。当一个人积极进取，尽心尽力时，他就能实现更高的人生价值。

我们要想征服世界，就得先战胜自己。要想成功，就要战胜自己的感情，培养自己控制命运的能力。我们一定要学会用心做事，尽职尽责。以积极主动的心态对待自己手上的工作，你才会充满活力与创造性地完成工作，你才会成为一个值得信赖的人，一个领导乐于雇用的人，一个拥有自己事业的人。其实我们自己对待小事，也要倾注全部热情。倾注全部热情，认认真真地对待每件“微不足道”的小事，你就会发现，原来每天平凡的生活竟是如此的充实又美好。

4. 别把小事不当事，要全力将小事做到百分之百

一个连小事都做不好的人是不可能有大成就的。每个人的一生都是由无数件小事累积而成的。成功的机遇总是突然地、不知不觉地出现，没有任何人知道哪一件小事中就隐藏着巨大的机遇。只有从小事做起，把每一件小事都做到百分之百才可能捕捉住成功的机遇。

要成就一件大事，必须从小事做起。其实，小事并非微不足道，其中往往孕育着大机会。倘若你能够脚踏实地地从每一件小事做起，循序渐进地提高自身的能力，当我们变得强大时，机会就会随之而来。

所谓“一花一世界”，即使是细微的小事也用全力做到百分之百，做到极致就是大事。然而，在现实生活中有很多人只想做大事，却不屑于做小事。结果一辈子都在等待大事的来临，最终一事无成。

一个连小事都做不好的人是不可能有大成就的。每个人的一生都是由无数件小事累积而成的。成功的机遇总是突然地、不知不觉地出现，没有任何人知道哪一件小事中就隐藏着巨大的机遇。只有从小事做起，把每一件小事都做到百分之百才可能捕捉住成功的机遇。

大学刚刚毕业的时候，宇哲被分配到一个偏远的林区小镇当教师，

工资低得可怜。其实宇哲有着很多优势，教学基本功不错，还擅长写作。于是，宇哲一边抱怨命运不公，一边羡慕那些拥有一份体面工作、拿一份优厚薪水的同学。没过多久，他不仅对工作没了热情，而且连写作也没兴趣。宇哲整天琢磨着“跳槽”，幻想能有机会调换一个好的工作环境，也拿一份优厚的报酬。

两年很快就过去了，宇哲的本职工作干得一塌糊涂，写作上也没有什么收获。这期间，宇哲试着联系了几个自己喜欢的单位，但最终没有一个接纳他。然而，后来发生的一件微不足道的小事，改变了宇哲一直想改变的命运。

那天学校开运动会，这在文化活动极其贫乏的小镇，无疑称得上是一件轰轰烈烈的大事，因而前来观看的人特别多。小小的操场四周很快围出一道密不透风的环形人墙。

宇哲来晚了，站在人墙后面，踮起脚也看不到里面热闹的情景。这时，身旁一个很矮的小男孩吸引了宇哲的视线。只见他一趟趟地从不远处搬来砖头，在那厚厚的人墙后面，耐心地垒着一个台子，一层又一层，足有半米高。宇哲不知道他垒这个台子花了多长时间，但他登上那个自己垒起的台子时，冲宇哲粲然一笑，那是成功的喜悦。

刹那间，宇哲的心被震了一下——多么简单的事情啊：要想越过密密的人墙看到精彩的比赛，只要在脚下多垫些砖头。

从此以后，宇哲满怀激情地投入到工作中去，踏踏实实，一步一个脚印。很快，宇哲便成了远近闻名的教学能手，编写的各类教材接连出版，各种令人羡慕的荣誉纷纷落到宇哲的头上。业余时间，宇哲不辍笔耕，各类文学作品频繁地见诸报刊，成了多家报刊的特约撰稿人。如今，宇哲已被调至自己颇喜欢的中专学校任职。

其实，一个有远大理想的人只要不辞辛苦，默默地在自己脚下多垫些“砖头”，就一定能够实现自己渴望已久的美梦，摘到挂在高处的那些诱人的果实。

完成小事是成就大事的第一步。伟大的成就总是跟随在一连串小的成功之后。在刚刚从事工作时，我们会被分派到与自己的能力与经验相称的工作岗位，直到我们向别人证明自己的价值，才能渐渐被委以重任和更多的工作。将每一天都看成是学习的机会，这会使你在公司和团体中更有价值。一旦有了晋升的机会，老板第一个就会想到你。任何事，任何目标，都是这样一步一步达至成功彼岸的。

伟大的事业是由无数个微不足道的小事情积累而成，小事情干不好，大事情也不会干成功。成功不一定是做大事，把一件小事做好，并且持之以恒地做好每一件事，这也是成功的基本要素。

倘若你想有所作为，就绝对不能对生活和工作中的小事轻视懈怠或敷衍应付，一丝一毫的差别都将决定你最终是否能够成功。成功者在成功之前其实同样做着我们每天都在做的小事，他们之所以成功，关键在于他们从不认为自己所做的事只是简简单单的小事，而是把每一件小事都当作大事一样认真对待，竭尽全力地做到百分之百。

早年时期，荷兰显微镜学家、微生物学的开拓者列文虎克曾是荷兰代尔伕特市政厅的一个看门人，只有初中文化的他却在打磨镜片这样一件小事中找到了大机会，成为世界著名的科学家。

由于看门人的工作比较轻松，时间宽裕，列文虎克就把打磨镜片作为自己的业余爱好。由于文化水平有限，他无法阅读高深的科学著作，只能靠自己摸索。

过了一段时间，他终于磨成了一面小小的透镜。但它实在太小了，他只好为它做一个架子，这样看东西就方便了，但有时还是会看不清楚。经过反复琢磨，列文虎克又在透镜的下边装了一块上面钻了小孔的铜板，光线从这里射进之后可以反照出透镜下的东西。这就是列文虎克制作的第一架显微镜。

通过这架显微镜，列文虎克发现了一个崭新的世界。他觉得这样一面小镜子实在是神奇极了，他一定要打磨出更加精巧、完美的镜子。从此，他就更加认真地打磨镜片。

几年之后，他用自己制作的显微镜发现了一个广阔的世界——微生物世界。从此，他声名大振，还被授予了伟大的巴黎科学院院士称号。

列文虎克只是把打磨镜片这样一件小事做到百分之百，却因此成就了一番世界最伟大的事业——发现微生物世界。我们只有像列文虎克那样在小事上下功夫，把每一个细节都做到极致，才能把个人的潜力充分发挥出来，才能够有更大的力量去做更大的事业。

中国著名企业家张瑞敏说，把每一件简单的事做好就是不简单，把每一件平凡的事做好就是不平凡。从最简单的小事做起，磨炼意志，增长智慧，积累经验，才能在机遇来临的时候及时发现，准确把握。而那些眼高手低、不屑于做小事的人，是永远也干不成大事的。

5. 藐视细节，淘汰出局的人只能是你

很多时候，我们往往是忽略了细节才导致失败的命运。一个人倘若能够做好每一个细节，那么成功便会离他越来越近。而一个人倘若没有注意到细节，那么等待他的将是被淘汰的命运。

什么是细节？就是那些看似普普通通的，却十分重要的事情，一件事的成败，往往都是一些小的事情所影响产生的结果。细小的事情常常会发挥巨大的作用，一个细节，可以使你走向你的目的地，也可以使你饱受失败的痛苦。每一件事情都是由无数个小的细节组成的，每一个都很重要。就好比是一条铁链，由无数铁环组成，无论其中哪一个铁环坏了，整个铁链也就会失去它存在的意义。

在这个世界上，我们每个人都期待“天将降大任于斯人也”，但事实上，正如汪中求曾经所说的：“芸芸众生能做大事的实在太少，多数人的多数情况总还只能做一些具体的事、琐碎的事、单调的事。”也许这些过于平淡，甚至鸡毛蒜皮，但这就是工作，是生活，也是成就每一项大事的不可缺少的基础。

平日工作质量的好坏，往往从一些细节上就可以反映出来。如很多

工作，两个人都能做，可是各自做出来的效果却可能会完全不同。

一种人对工作充满热情，极其认真，将小事做细，注重每一个环节，而另一种人无法从重复的工作中获得乐趣，把工作当作一种痛苦的苦役，他们永远被动地作别人分配给他们的工作，即使这样也不能完全把事情做好，对于他们而言更谈不上细节。一个不认真对待细节的人，是无法领会工作的真正含义的，当然他也失去了在细节中获取成功的机会，从而也不会成功。

在工作中，没有任何一件事情，小到可以被抛弃；没有任何一个细节，细到应该被忽略。同样从事一种平凡的工作，不同的人会有不同的体会和成就。不屑于做小事的人做起事来非常消极，只会糊弄工作；而积极的人则会安心工作，把做小事作为锻炼自己、深入了解公司情况、加强公司业务知识、熟悉工作内容的机会，利用小事去多方面体味，增强自己的判断能力和思考能力。

俗语说得好："罗马不是一天建成的。"既然一天建不成辉煌的罗马，那我们就应该每一天都全心全意地去建造罗马。这样，我们才能够专注于做好自己手上的每一件小事。

我们要实现卓越的人生，就要注重工作中平凡的积累。为了达到大目标，就要先设定小目标，这样就比较容易达到目的。许多人会因目标过于远大或理想太过崇高而轻易放弃，这是很可惜的。倘若你设定了小目标，便能够轻快地取得满意的成绩。你在逐步完成"小目标"时，心理上的压力也会随之减小，大目标总有一天能达到。

成功人士和平庸之辈的差别，就在于前者注重积累，注意利用身边的每一件小事锻炼自己。将生活中一个个平凡的目标当成自己实现卓越的阶梯，而平庸之辈只会好高骛远，轻率冒进，或者因为目标难以达到而放弃奋斗。所以，请记住，细节决定成败。只有抓住每一个细节，我们才会更靠近成功！但是，藐视细节，淘汰出局的人只会是你！

有三个人去一家公司应聘采购主管。他们当中一人是某知名管理学院毕业的，另一名毕业于某商学院，而第三名则是一家民办高校的毕业生。在大家看来，这次应聘的结果都是很容易判断的，然而事情却恰巧相反。应聘者经过一番测试后，留下的却是那个民办高校的毕业生。

在整个应聘过程中，他们经过一次次测试后，在专业知识与经验上各有千秋，难分高下。最后，这家公司的总经理亲自面试，他提出了这样一道问题，题目为：如果公司派你到某个工厂采购 4999 个信封，你需要从公司里带去多少钱？

几分钟后，应试者都交了答卷。第一名应聘者的答案是 430 元。

总经理问："你是怎么计算的呢？"

"就当采购 5000 个信封计算，可能是要 400 元，其他杂费就 30 元吧！"答者应答如流。但总经理却未置可否。第二名应聘者的答案是 415 元。

对此，他解释道："如果 5000 个信封，大概需要 400 元左右。另外可能需用 15 元。"

总经理对此答案同样没有发表看法。但当他拿起第三个人的答卷，见上面写的答案是 419. 42 元时，不觉有些惊异，立马就问道："你能解释一下你的答案吗？"

"当然可以，"那名民办高校的毕业生自信地回答道，"信封每个 8 分钱，4999 个是 399. 92 元。从公司到某工厂，乘汽车来回票价 10 元。午餐费 5 元。从工厂到汽车站有一里半路，请一辆三轮车搬信封，需用 3. 5 元。因此，最后总费用为 419. 42 元。"

总经理的脸上露出了笑容，收起他们的试卷，说："好吧，今天到此为止，明天你们等通知。"

等到录用通知书的是那个民办高校的毕业生。

从这个故事中，我们依然可以领略到细节的重要性。很多时候，我们往往是忽略了细节才导致失败的命运。一个人倘若能够做好每一个细节，那么成功便会离他越来越近。而一个人倘若没有注意到细节，那么等待他的将是被淘汰的命运。

无论是在工作中还是在生活中，做事认真仔细，才能把事情做得尽善尽美。很多时候，细节总容易被人忽视，所以往往最能反映一个人做事的真实状态，因此也最能表现一个人的修养。正是因为如此，通过小事看人，已经成为衡量、评价一个人的最重要的方式之一。

细节的成功，看似偶然，实则孕育着成功的必然。细节不是孤立存在的，就像浪花显示了大海的美丽，但必须依托于大海才能存在一样。

对于很多人来说，他们每天的工作谈不上有多少创意，更多的是细节工作。在同等条件下，老板通常会青睐那些注重细节的人，他们工作必然会一丝不苟，精益求精。大大咧咧、不拘小节是职场新人的大忌。而对于那些即将走出校门的大学生和初入职场的员工，由于他们的综合素质无法在短时间内评估，所以常常一个细节问题就可以决定他们的命运。

6. 力求完美，尽力让你的工作不留瑕疵

高品质不是从天上掉下来的，而是人们保持高昂的信心，诚心诚意的努力，投入心血智慧以及技能后所得到的结果。它代表的是众多选择当中的明智抉择，因此，我们做出抉择之后，就会倾注全力达到这样的标准。这时，才能、环境、幸运、遗传以及个性都不那么重要，重要的是我们打算如何凭借着自己的力量达到什么样的境界，怎么才能够达到这样的境界。

美国著作家威廉·埃拉里·钱宁曾这样说："劳动可以促进人们思考。一个人不管从事哪种职业，他都应该尽心尽责，尽自己的最大努力求得不断地进步。只有这样，追求完美的念头才会在我们的头脑中变得根深蒂固。"

成功的人绝对不会以平庸的表现自满，而且他们不管做什么事情，必然都会全力以赴、追求完美。约翰·伍登曾这样说："成功就是知道自己已经倾注全力，达到自己能够达到的最极致的境界。"

法国著名小说家巴尔扎克有时因为写一页小说，会花上一星期的时间，而一些现代的作者，还在那里惊讶巴尔扎克的声誉是从哪里来的。

许多人做了一些粗劣的工作，借口是时间不够，其实按照各人日常的生活，都有着充分的时间，都可以把自己的工作做到最出色。倘若养成了做事务求完美、善始善终的习惯，人的一辈子必会感到无穷满足。而这一点正是成功者和失败者的分水岭。成功者无论做什么，都力求达到最佳境地，丝毫不会放松；成功者无论做什么职业，都不会轻率疏忽。

有一家生产降落伞的工厂，他们制造出来的产品从来都没有瑕疵，也就是说，他们生产的降落伞从来没有在空中打不开的不良记录。

有一位记者觉得怎么可能有工厂生产的降落伞完全没有任何的疏失或破损。于是，他找到这家工厂的负责人，希望能够借采访打探出生产零缺点降落伞的秘诀。

记者首先恭维老板的英明领导与经营有方，随后简明扼要地说明来意，老板先是口沫横飞地说："要求降落伞品质零缺点是本公司一贯的政策，想想看，在离地面几千米的高空上，万一降落伞有破损或打不开的话，那么使用者在高空跳落过程中岂不是魂飞魄散，且叫天天不应，叫地地不灵，人命根本就没有受到应有的重视！"话毕，老板只是漫不经心地说："生产这类产品其实并没有所谓的奥秘！"

老板的话令记者一脸狐疑，他仍不死心地追问："老板您客气了，我想其中一定有诀窍，否则贵工厂怎么有可能维持这么高的品质？"

此时，老板嘴角露出一抹微笑，他淡淡地说："哦，要保持降落伞零缺点的品质，其实是很简单的，根本就不是什么艰深难懂的大道理。我们只是强烈要求，在每一批降落伞要出厂前，一定要从整批的货品中随机抽取几件，将它们交给负责制造该产品的工人，然后让这些工人拿着自己生产的降落伞到高空进行品质测试的工作……"

不难看出，这位老板对产品的质量是力求完美的，其员工对产品的要求是追求完美的。因为这位老板有一个良好的抽检制度，让每个员工都有追求完美的强烈意识和动力，以致生产出来的降落伞最终真的做到了完美无缺。这种做事力求完美的精神，是值得追求成功的我们去学习的。

在日常生活和工作中，不论我们工资与职位是高还是低，我们都应该从点滴做起，在细微处着眼，脚踏实地，把每一细节做到“零缺陷”，只有这样才能创造事业的辉煌。

当然，能够把工作做到完美的人，需要极高的品质。高品质不是从天上掉下来的，而是人们保持高昂的信心，诚心诚意地努力，投入心血、智慧以及技能后所得到的结果。它代表的是众多选择当中的明智抉择，因此，我们做出抉择之后，就会倾注全力达到这样的标准。这时，才能、环境、幸运、遗传以及个性都不那么重要，重要的是我们打算如何凭借着自己的力量达到什么样的境界，怎么才能够达到这样的境界。

拒绝平庸、追求完美要求我们首先从自己做起，从现在做起，从一点一滴做起。努力把自己的本职工作做得比昨天更好，把团队的业绩做得比以前更好，把公司的经营做得一年比一年更好。

追求完美就不允许等待。追求完美就要有刻苦敬业、不达目的不罢休的精神以及有过人的精力。我们每一个员工都应该超越自己，拒绝平庸。因此，我们要有突破传统、尝试新事物和解决困难的勇气，还要有胆识承受压力。只有精益求精，才能追求完美。

在这个世界上没有做不成的事情，只有做不成事的人。作为一个追求卓越的人，凡是别人已经做到的事，我们即使面临的困难再大，也一定要做得更好；凡是别人认为无法做到的事，我们即使遇到挫折，也要继续拼搏直至取得成功；凡是别人还没有想到的事情，我们不仅应该想到，而且一定要敢为人先，并且立即采取行动。

第六章

每天充点电，人生从此改变

每天都进步一点点，它具有无穷的威力。别小看那微不足道的“一点点”，日积月累起来就绝不是一个小数目。很多时候，我们看不到一个小小的进步，但若干年后却会发现自己已经脱胎换骨。

1. 认清自己是谁才能不断提升自我

认清自己的优势、劣势，自己的与众不同和发展潜力。倘若你能够认清自己的长处，并善用它，则可以为你的人生增值；倘若无法看清自己的短处，拿自己的短处与别人的长处去竞争，那么你的人生则会贬值。

世界上没有两片完全相同的树叶，人也一样。正确认识自己、认清自己，既看到自己的长处，也认识到自己的不足，善于选择、勇于放弃，就能清除干扰，为自己的定位找到正确的方向，这样才充满信心地去迎接机遇和挑战，创造更多的成功和欢乐。

自我认识是自我意识的认知成分。它是自我意识的首要成分，也是自我调节控制的心理基础，它又包括自我感觉、自我概念、自我观察、自我分析和自我评价。自我分析是在自我观察的基础上对自身状况的反思。自我评价是对自己能力、品德、行为等方面社会价值的评估，它最能代表一个人自我认识的水平。

我们每一个人都要非常清楚地看待自己的长处，正确认识自己，相信自己是能够成功的。每个人都有特长，都有擅长和不擅长的东西，但很多人却认为，只有那些拥有高等学历的人才有特长。其实，这种看法是完全错误的。事实上，只要是人，都会有自己的长处，都有上帝赋予我们的强于他人的能力，只是有的人及时发现和发挥了自己的长处，而有的人把这种资源白白地浪费掉了。

有个小女孩叫娟茹，在班上有个看起来比她优秀的女同学总是与她作对。这个女同学叫亚亚，她总爱挑娟茹的缺点。日久天长，她总结了很多娟茹的缺点，并在同学中宣扬：娟茹长得像一只胖猫，不是好学生，讲话声音太大，而且不爱听老师的话，其实是个胆小鬼……娟茹听了，尽量克制着自己。最后她再也忍不住了，含着眼泪和愤怒去找父亲，父亲非常平静地听完娟茹的申诉后，温和地问娟茹："亚亚说的这些都是正确的吗？"

"正确？我现在只想知道怎样回击她，让她也尝尝背后被人说的滋味！这与'正确'有什么关系？"娟茹有些着急了，她心想：到底如何回击亚亚，以消除自己的心头之恨。

父亲说："娟茹，难道知道自己实际上是怎么样的，不好吗？现在，你已经知道了同学对你的意见，去把她所讲的都写出来，在正确的地方标上记号，你觉得她说得不对的地方就不必理会。"

很快，娟茹遵照父亲的话，将亚亚的意见都写了下来，并对比自己的言行。她奇怪地发现，亚亚所"总结"的缺点，有一半是正确的。有一些缺点是她不能改变的，例如自己真的很胖，所以她并不在意别人这么说；另外一些缺点她都能改并愿意立即改掉它们，比如她说话声音真的很大，有时候吵到了午休的同学；有些"缺点"是她并不认可的，她并不认为自己胆小、不听话。当娟茹发现自己真的存在这些缺点的时候，她感觉有些沮丧。

后来，在父亲的引导下，娟茹又写出了自己认为优秀的地方，比如她的算术成绩总是在班上得第一，她尊重老师，等等。

就这样，在娟茹的人生里，她第一次对自己有了一个公正、清晰的认识。

我们每个人的认知能力是有限的，在生活中有很多人常常会受到外界客观因素的干扰与蒙蔽，从而导致对自我认识的偏差和误解。倘若我们不正确地认识自己，分析自己，评价自己，很容易陷入别人的评价当中，时时刻刻以别人的标准为标准，太过在意别人的眼光，从而很容易失去自我，那样只会让自己活得越来越累。

在我们周围，很多人终其一生，都不知道自己有什么长处，当然更谈不上发挥和利用它们了。其实，每个平淡无奇的生命中，都蕴藏着一座丰富的金矿，只要你肯挖掘，你就会挖出令自己都惊讶不已的宝藏来。

只有当你真正地认清自己是谁时，你才能客观地评价和正确地对待你自己的优点和缺点。当你知道自己的不足与缺陷时，你才能有办法来克服这些不足之处。

努力认清自己，实际上是自己不断成长的过程，但是究竟怎样做才能够认清自己，却是一件非常令人伤脑筋的事情。不光要认清自己的内在素质，还要了解外在因素。比如时常问问自己：我是谁，我有怎么样的性格，我有什么天赋，我需要什么，我能做什么，等等。

认清自己的优势、劣势，自己的与众不同和发展潜力。倘若你能够认清自己的长处，并善用它，则可以为你的人生增值；倘若无法看清自己的短处，拿自己的短处与别人的长处去竞争，那么你的人生则会贬值。

认清自己还需要我们经常仔细地反省自己，不受外界环境的左右。曾子说“吾日三省吾身”，讲的就是依靠经常的自我反省和思考，来了解自己的本性及其变化。别人的意见不是不能听，但他人的意见往往带有其他的动机，所以我们在听取他人的意见的时候，一定要进行实事求是的分析。

2. 没任何捷径可走，无论多痛苦都得补短板

用你的优势弥补你的不足，挖掘你的优势，发挥利用你的优势，让自己变得自信一点，因为在这世界上，没有一个人是完美的，重要的是找到自己的长处，用你的优势来弥补自身的短板。

一只木桶能装多少水，永远取决于它最短的那块板。一个人身上的缺点，必然会影响他的发挥与发展。我们要对自己有一个客观的认识，发现不足并尽力弥补，如此我们方能在日后的人生道路上有所建树。

在现实生活中，凡不能正确地对待别人的人，就一定不能够正确地对待自己。倘若能够稍微克制偏激的短板，真诚、客观地面对人和事情，肯定会有所成就的。而有些人见到别人做出成绩，出了名，就认为那没有什么了不起，甚至想尽千方百计诋毁贬损别人；见到别人不如自己，又冷嘲热讽，借压低别人来抬高自己；处处要求别人尊重自己，而自己却不去尊重别人；在处理重大问题上，意气用事，我行我素，主观臆断。像这种不懂克制偏激短板的人，干事业，搞工作，成事不足，败事有余，在社会上恐怕也很难与别人和睦相处。

不克制偏激的短板，就会导致人们在看问题时总是戴着有色眼镜，

以偏概全，固执己见，钻牛角尖，对人家善意的规劝和平等的商讨一概不听不理。偏激的人怨天尤人，牢骚太盛，整天抱怨生不逢时，怀才不遇，只问别人给他提供了什么，不问他为别人贡献了什么。

偏激的人缺少朋友。人们交朋友喜欢同声相应，意气相投，都喜欢结交博学而又谦和的人。那种总是自以为是，开口就梗着脖子和人家抬杠，而不懂得克制自己的短板，明明无理也要搅三分的主儿，是根本交不到朋友的。其实，偏激是一种心理疾病，是一种性格上的短板，它的产生源于知识的极端贫乏，社交意识上的自我封闭，思维上的主观唯心臆断，等等。

对此，只有对症下药才能医治。要不断地学习，丰富自己的知识，增长自己的阅历，多参加一些有益的社交活动，同时，还要掌握正确的思想观点和思想方法，才能有效地克服这种“一叶障目，不见泰山”的偏激心理，也才能真正地消除这种令人厌恶的短板。

一个人有主见，有头脑，不随人俯仰，不与世沉浮，这无疑是值得大家称赞的好品质，但是还要以不固执己见、不偏激执拗为前提。无论是做人还是处世，头脑里都应当多一点辩证观点，而不是一味地偏激行事，严重忽视自己的性格短板。死守一隅，坐井观天，把自己的短板当成宝贝至死不渝，这只能成为为人处世的一大陷阱。

任何人都可能成为隐瞒自己缺点的人，可是，人们不知道的是，掩盖反而更吸引他人的注意。只有自己不在意，才能够不让这些缺点成为束缚我们的障碍。

很多时候，一些羞于示人的缺点成为我们成功路上最大的瓶颈。其实，所谓缺点都是在我们的心里，倘若我们自己认为那是不可逾越的，自然就难以跨越。可是，倘若我们能够放下心灵的包袱，那些缺点不但不会成为我们的障碍，反而可能成就我们。

用你的优势弥补你的不足，挖掘你的优势，发挥利用你的优势，让自己变得自信一点，因为在这世界里，没有一个人是完美的，重要的是找到自己的长处，用你的优势来弥补自身的短板。

3. 进取心就是永不知足，每天都进步一点点

只要我们每天都能够进步一点点，年复一年、日复一日地这样做，终有一天你会发现原本一点点的差距也会变得相差十万八千里。每天一点点，是我们每个人需要做的事情。每个人天生都是平凡的，没有人可以不经过努力就获取成功的。在这个世界上，没有光有天赋而不努力进取的天才。要知道，从平凡到优秀再到卓越，你需要做的仅仅是每天进步一点点。

曾有人这样说："成功不是一蹴而就的，倘若我们每天都能让自己进步一点点——哪怕是1%的进步，那么还有什么能阻挡得了我们最终走向成功呢?"每大进步一点点，并不是很大的目标，也并不难实现。也许昨天的"我"也曾努力磨炼并获得可喜的成绩，但今天的我必须超越昨天的"我"，更加进步，更加充实。

其实，每天进步一点点就已经足够。在通往成功的道路上，每天前进一点点，就是稳健的、持续的前进过程。"不进则退"，只要是在前进，无论前进多么小的一点都无妨，但一定要比昨天前进一点点。在每个人的生命中，我们必须每天持续小小的努力，才能有所成就。

只要我们每天都能够进步一点点，年复一年、日复一日地这样做，终有一天你会发现原本一点点的差距也会变得相差十万八千里。每天一点点，是我们每个人需要做的事情。每个人天生都是平凡的，没有人可以不经过努力就获取成功的。在这个世界上，没有光有天赋而不努力进取的天才。要知道，从平凡到优秀再到卓越，你需要做的仅仅是每天进步一点点。

每天进步一点点，听起来好像没有冲天的气魄，没有诱人的硕果，没有轰动的声势。可是，仔细思索一下，你会发现一个道理：做人做事一定要始终如一，更要求真务实。

每天进步一点点，是从小成功到大成功的日积月累；每天进步一点点，是自信心的聚少成多；每天进步一点点，是对失败和挫折的不屑一顾；每天进步一点点，是实现完美人生的最佳路径。

经过无数事例证明了一点：每天都有点滴的进步，不仅能让自己的内在潜能得以充分发挥，也能积累成功的资本。的确，成功就是每天进步一点点——只要我今天比昨天进步一点点，明天能比今天进步一点点，这样的过程就是成功。

他很不幸运，天生就比别的孩子差许多，别人 10 分钟能完成的事，他通常需要 20 分钟，而且还没有别人完成得出色。在学习方面，他更是糟糕到了极致，别人一学就会的东西，他往往需要老师重复许多遍才能弄明白。尽管他在学校比任何同学都努力，可是每次考试下来，他总是倒数第一名。为此，他很是沮丧，也非常自卑，总觉得自己一无是处。

一天，他很难过地问父亲："爸爸，我是不是很笨、很蠢？同学们都取笑我，连老师也不喜欢我，他们说我一辈子都不会有前途，永远都只会拖别人的后腿。”

父亲慈爱地抚摸着他的头，微笑着说：“孩子，你一点儿也不笨。虽然你比别的同学考得差，但是只要你每天都进步一点点，当你的努力达到一定程度时，你就会赶上他们，甚至超越他们。”

“是吗？我每天都在进步，可是我为什么总感觉不到呢？”他迷惑不解地问。

“是的，孩子，你每天都在进步，只是你没有发现罢了！”父亲肯定地说。

他还是有些不相信，认为父亲在骗他。对此，父亲没有再作解释，而是从屋里拿出一把铁锹，又从山上找来一株小树苗，然后交给他说：“孩子，你把它种在院子里吧，千万记得要给它浇水、除草和施肥。”他不知道父亲为什么要这样做，但他还是很乐意地听从了。他拿起铁锹，在院子里挖了一个小坑，将树苗放在里面，然后垒上土。

时间一晃，一年过去了，这天他又考了一个倒数第一名回来。他十分愤怒地责问父亲：“你说我每天都在进步，那为什么一年下来，我仍然考了倒数第一名呢？”

父亲没有回答他，也没有像往常那样安慰他，而是将他带到院子里，指着那棵树苗对他说：“孩子，你瞧，这棵树苗是你去年亲手种下的，那时它只有一尺来高，干枯瘦小，弱不禁风。现在你再看，在你精心地呵护之下，它长得绿油油的，显得生机勃勃，已将近两尺高了。”

他似懂非懂地点点头，脸上溢满了自豪。“可是，这与我的学习有什么关系呢？”他抬起头不解地问父亲。

“孩子，当然有关系！树每天都在生长，但你看得见吗？”

他摇了摇头。

父亲又接着说："看不见，并不代表它没有生长，因为一年后你再去看它，你会发现，其实它长高了。学习也是同样的道理，它是一个日积月累的过程，就像一棵树的成长，也许你一个月、两个月看不到进步，甚至一年、两年都看不到进步，但是五年、十年后，你再回头看自己走过的路，你一定会发现自己成长了、进步了。"

听了父亲的话，他一下子明白过来，原来自己的努力并没有白费，自己每天都在进步，于是他又有了信心和希望。就这样，他十年如一日，矢志不渝地努力着。最终如父亲所说的那样，他超越了所有之前让他羡慕和忌妒的人。他成了那一届的高考状元，顺利地考入了北大。

每天都进步一点点，它确实具有无穷的威力。别小看那微不足道的"一点点"，每天一点点绝不是一个小数目。很多时候，我们无法看到一个小小的进步，可是若干年后却会发现自己已经拥有了一个很大的进步。

一个人，倘若能够每天都进步一点点，哪怕是1%的进步，试想一下，有什么能够阻挡他获取最终的成功呢？一个企业，倘若"每天进步一点点"成为其企业文化的一部分，当其中的每个人每天都能进步一点点，试想一下，有什么障碍能够阻挡得住它最终的辉煌？

竞争对手常常不是我们打败的，是他们自己忘记了每天进步一点点。成功者不是比我们聪明，而是他比我们每天多进步了一点点。

4. 与成功人士站在一起，将自己融入他们中去

一个人的命运常与他的身边人有关，即看他周围都有些什么朋友，倘若尽是糊涂迷茫的人，那么他只会庸庸碌碌过一生；倘若身旁的人个个奋勇拼搏，那么他也就有可能充满力量地去为了生活奋斗。

一个人的命运常与他的身边人有关，即看他周围都有些什么朋友，倘若尽是糊涂迷茫的人，那么他只会庸庸碌碌过一生；倘若身旁的人个个奋勇拼搏，那么他也就有可能充满力量地去为了生活奋斗。

第一次世界大战中法兰西的陆军元帅福煦曾说过："青年人至少要认识一位圆通世故的老年人，请他做顾问。"萨加烈也说了同样的话："倘若要求我说一些对青年有益的话，那么，我就要求你经常接触比自己优秀的人。就学问而言或就人生而言，这是生命中最有益的。学习尊敬他人，这是人生最大的乐趣。"与优秀的人交朋友，是每个人在结交朋友的过程中需要着力去做的事情。

然而，现实生活中很多年轻人都愿意和不如自己的人交往，这往往是虚荣心在作怪。与不如自己的人在一起，会让你觉得时刻充满了优越感，时间久了，因为没有比较进步的目标就会变得不思进取、一无所

成。所以，我们要摒弃这种贪图一时之快的心理，尽可能多地认识比自己优秀的人，因为只有从这些人身上，你才能获取更多的人生经验，找到激励你前进的动力。把有能力的人作为自己的榜样并不可耻，朋友与书籍一样，好的朋友不仅是良伴，也是我们人生的老师。

美国有一位名叫阿瑟·华卡的农家少年，在杂志上读了某些大实业家的故事，很想知道得更详细些，并且十分渴望能够得到他们的忠告。于是在某一天早上，他跑到了纽约，来到了威廉·亚斯达的事务所，并一眼就找到了他。

高个子的亚斯达开始觉得这个少年有点讨厌，然而一听到少年问道："我很想知道，我怎样才能赚得百万美元？"他的表情便变得柔和起来了。两人竟然谈了足足 1 个小时。随后亚斯达还告诉他该去访问的其他实业界的名人，华卡就照着亚斯达的指示，遍访了一流的商人、总编辑及银行家。

得到了成功者的指引，华卡的内心开始充满了自信，并开始仿效令他们成功的做法。两年以后，这个 20 岁的青年成为他学徒的那家工厂的所有者。24 岁时，他是一家农业机械厂的总经理。没过几年，他就如愿以偿地拥有百万美元的财富了。这个来自乡村粗陋木屋的少年，终于成为银行董事会的一员。

华卡在活跃于实业界的 67 年中，实践着他年轻时来纽约学到的基本信条。一个人所交的朋友会影响他的目标、行为和事业，所以我们每个人都应与那些充满正能量的人交往，因为这可以让你找到自身的不足，学习朋友身上的优点，而且也可以进入自己所没有涉足过的圈子，丰富自己的知识面。倘若一个人只活在自己的世界里，不会有大的建树，只有与成功人士站在一起，时间长了才会有一个成功者的思维，才会用成功者的思维去思考。

心理学研究表明，环境可以让一个人产生特定的思维习惯，甚至是行为习惯。环境能够改变我们的思维与行为习惯，直接影响我们的工作效能与生活。和成功人士在一起，有助于我们在身边形成一种“成功”的氛围。只有在这种氛围中，才可以向身边的成功人士学习正确的思维方法，感受到他们的热情，了解并掌握他们处理问题的方法。

一个普通人要与一个伟大的人缔结友情，跟第一次就想赚百万美元一样，是一件比较困难的事情。原因并非在伟人的出类拔萃，而在于你自己心中的那种忐忑不安。

总而言之，一个成功的人，很大程度上有赖于比自己优秀的朋友的帮助，才能够不断地使自己力争上游。从比自己成功的人身上你可以学到很多在其他地方学不到的东西，他们的想法和心态对你的成功会有很大的影响。

5. 爱上思考，别让学习只是流于表面形式

学习的目的在于学会思考，学会运用知识。苏霍姆林斯基曾经说过：“只有促进自我教育的教育才是真正的教育。”而自我教育其实就是学会学习、学会思考。学习真正要取得成效，并不在于学到了什么知识，而在于学会了怎样去思考，学会把所学的知识转化为实际能力。

有人曾经问过爱因斯坦这样一个问题：“倘若你的生命还剩下一小时，你将打算如何度过？”

他是这样回答的：“我会用前55分钟分析你提出的问题，然后用最后5分钟思考我的答案。”

虽然说这个问题有些极端，但是由此我们可以看到在死亡即将来临的最后一刻，爱因斯坦并没有惊慌失措，也没有自暴自弃，而是仍然坚持用理性分析问题，用最后的时间来思考答案。

我们的职场生活也是如此。倘若工作当中遇到棘手的问题，就会感到非常无助，惊慌失措，不知道到底应该如何是好。但是，一个成功的职场人士，第一反应应该是分析自己遇到的问题。倘若你想要改变自己

的人生，也是同样的道理。改变人生首先要学会思考，认清自己。同样，在解决问题时也应该是如此。解决问题时，首先要了解这件事情的相关知识以及事情的本质，然后才能够有针对性地想出解决问题的方法。想要成为这样的人，就要不断地从向自己发问开始。当然，并不是说自己一开始提问就能够马上找到解决问题的方法。但是，最起码你可以知道到底是什么地方出了问题，从什么地方着手解决问题，不要因为相同的原因而失败两次。

面对问题时，研究问题，然后坚持不懈地寻求解决问题方案的人，永远不会在同一个地方跌倒两次。当你遇到困难挫折，冷静下来，理智地进行分析，就会比别人更早地找到解决问题的最佳方案。所以，这才是面对难关时最明智的做法。

小林从学校毕业后步入了社会，很快找到了第一份工作，可是没过多久就被辞退了。后来，面对自己即将开始的第 5 份工作，心里很是不安，他不知道自己这份工作又能维持多久？

一个偶然的机会，他遇到了大学时一个心理学教授，于是便向教授提出了自己的疑问。教授问了他一些有关公司人际关系以及工作方面的表现等问题，没有发现他的心理有什么异常。教授继续问他："你在公司里到底有没有得罪你的老板呢？"他茫然地说："没有啊！不过，有时我会将自己的想法直接说出来，这对公司的发展是很有利的。"教授说："这就对了，问题或许就出在这里。虽然你一心为公司着想，但倘若没有经过调查研究，不分场合，不讲究方式方法，领导又怎么能够接受呢？或许，领导还会认为你在逞能，是不是有意和他对着干呢！""啊，原来是这样啊，真是没有想到。"小林恍然大悟。

后来，小林还是会把自己的不同想法说出来，但不再采用以前一贯的方式，而是改变了策略，并经过事先的调查研究，且找准适当的时机说出来。结果，领导几乎每次都听取他的建议，有时还对他委以重任，他第 5 份工作干得既稳定又踏实。

从此，小林在打拼中喜欢上了回头看，学会了对人生过往的总结思考，他渐渐找到了适合自己人生的方向和目标，成为一个精明而智慧的佼佼者。

小林因工作问题，在人生中失败了 4 次，但不耻于请教教授帮助找原因，通过分析找到了失败的症结，并学会了在总结中加以改进，让自己变得聪明起来，很智慧地开始了成功人生的前行。

对于小林来说，这是非常必要和重要的。既然如此，那么，对于行走在人生路上的人们又何尝不是一个道理呢？

一个人经历过多少失败并不重要，但重要的是在失败中汲取教训，在工作和生活中学会思考。教训的获得能让我们成长，总结的获得能让我们提升。因为教训，我们会更智慧，因为总结，我们会更睿智，因为教训和总结，我们可以变得更聪颖，更能够面对生活和工作，这样我们的学习才不会只是流于表面形式。

在人生的路上，工作饱含艰辛，生活面临残酷，即便屡遭挫折甚至于莫大的失败，我们也不能因此而不再继续，我们要学会思考，善于思考，勇敢地揭开灵魂深处隐匿的伤痕，清醒地认识到造成伤痕的真正原因，保证自己的身体不会再出现相同的伤痕。

学习的目的在于学会思考，学会运用知识。苏霍姆林斯基曾经说过："只有促进自我教育的教育才是真正的教育。"而自我教育其实就是学会学习、学会思考。学习真正要取得成效，并不在于学到了什么知识，而在于学会了怎样去思考，学会把所学的知识转化为实际能力。

所以说，倘若你学会了思考的方法，具备了学习的能力，那么就能够在社会这所大学校里学会丰富的实践能力。相反，倘若在学校时只知学习那些固定的知识和不变的教条，走入社会后将会感到一片茫然。或许你也会有这样的体验：在学校所学的“死知识”很多时候无法在实践中得到灵活运用。因此，学会思考的方法显得尤为重要。

思考的力量是巨大的，它让人们的认识得到提高，让精神得到升华，让人不再重复相同的错误，让人生前进一大步。但不可否认的是，总有一些人，无论在工作还是生活中，不善于甚至于不知道思考，因此，不断地重复着往日的错误，他们只能在原地呆傻地踏步不前，愚而无措，难以改变命运的洗刷。

学会思考是一种智慧。也许，我们天生就没有太高的智商，但是我们知道应该如何去思考问题，同时还知道应该如何总结经验，去劣从优，汲取一切，积累一切有益的经验，融汇我们的智慧，成为一个易于生存的人。

6. 善学习更要善休息，别只是看起来很努力

在匆忙工作与学习之中，别忘了忙里偷个闲，给自己的心境放个假，让它充分享受放松带来的愉悦。别总以为把内心装得满满的就是充实，其实卸下心灵的负荷更是一种幸福。

我们都知道，一个人只有在清醒的状态下做事，才会是高效率的。否则，就算我们花费在做事上的时间再多，效果也是很差的。所以清醒的精神状态对我们来说是极其重要的。获得清醒状态最好的办法，当然是休息。一个人只有休息得好，才能够有精力充沛地投入到学习中去。问题是，我们很难获得高质量的休息。

高质量的休息，就是说能将自己的身体和精神处在一种完全放松的状态，在这样的过程中，我们的身体机能和精神状态都能够得到恢复。获得高质量的休息，不是一件很容易的事情。最主要的原因在于我们很难做到应该做事情的时候去做事情，应该休息的时候就去休息。其实，我们要做的事并没有多到一点休息的时间都没有，并没有多到连吃饭、去厕所、搭公交车，甚至睡觉的时候都要为做事伤脑筋。

但是，做事带给我们的紧张情绪却被我们毫无保留地带到了我们做

事以外的生活中。休息的时候，我们的脑海里还缠绕着有关于事情的种种细节，我们还是在下意识的惯性作用下，处在做事的状态中。尽管我们可能已经远离了电脑，远离了文件，但是我们的大脑却还是和这些东西连在一起，迟迟不肯离开。更为严重的是，做事也蔓延到了我们的睡眠之中。在很多时候，恐怕很少有人可以每天享受到舒适的睡眠，而不被与工作有关的梦境所打扰，相信那个比例一定是小得可怜。

因此，问题的症结就在于我们不能够很好地在做事状态与休息状态之间实现转换。我们经常是一时间回不了神儿，或者不能够很好地进入角色。让你停止休息，马上投入做事，可能不难；但是，倘若要你停止做事，马上去休息一下，可就不是那么简单了。解决这个问题没有什么太好的办法，因为人毕竟不同于机器。倘若是一台机器的话，只要设置一个 ON/OFF 的开关就好了，就能让它说干就干，说停就停。可人是不可能做到的，任何人在任何状态间的转化调整，都是一个渐变的过程。于是我们能做的就是让这个渐变过程尽可能缩短。

为了能够更好地做事，必须要有高质量的休息。其实，休息绝对不是浪费时间的事情。浑浑噩噩 24 小时地做事，一定不会比 12 个小时全神贯注地做事产生更好的效果。对于这个道理，相信大家都应该明白。关键是，在你需要休息的时候，你能够想到这一点，而不再把自己的精力停留在做事上。

所以，不要等到非休息不可的时候才去休息。我们应该学会常常休息，在疲惫到来之前休息。只有这样才能让我们的精力一直保持旺盛，能够让我们在清醒的状态下高效率地做事。

最后，对于休息的方式，这里要强调运动的必要性。长时间坐办公室的人，每天几乎很少有时间进行一定量的体育运动。而体育运动不但可以使我们的头脑清醒，同时也能增强身体机能，来应对繁忙的工作。

曾经有一位著名的实业家每天承担巨大的工作量，可是没有人可以替他分担一点点。在整日的繁重的工作之余，他每天还得提着一个沉重的手提包回家，包里装的都是必须由他亲自处理的急件。

紧张劳累的工作，使得这位实业家身心疲惫不堪，他不得不去医院进行诊疗。医生给他开了一个处方：每天散步两小时；每星期空出半天的时间到墓地一趟。

这位实业家对此迷惑不解："为什么要在墓地待上半天呢？这与我的身体健康有什么关系吗?""因为……"医生不慌不忙地回答："我只是希望你四处走一走，瞧一瞧那些与世长辞的人的墓碑。身处墓地时，你仔细思考一下，他们生前也与你一样，认为全世界的事都得扛在自己肩上，如今他们全都长眠于黄土之中，也许将来有一天你也会加入他们的行列。然而整个地球的活动还是永恒不断地进行着，而其他世人则仍是如你一样继续工作着，丝毫不会因为谁而改变什么。整个世界年年月月就如此循环着，永无止境。"

实业家明白了其中的道理，生命的意义不在于紧张、忙碌，应适当放松、缓解，有了放松的身心，生活才会更加美好。

从医院回来后，实业家放慢了以往匆忙的脚步。沉重的手提包，在上班时间一过，就被他慎重地搁下，晚饭之后，他会携同妻儿一同散步，按照医生的叮嘱，也会抽出一些时间去墓地冥思。当他投身于这一切时，他感受到仿佛有人在静静听他诉说那不堪重负的压力，安慰他那压抑的心灵。从前那种累累重压的苦闷一下子被驱除了，这种轻松的心态也使得这位实业家在事业上平步青云，在生活中乐观开朗。

在匆忙工作与学习之中，别忘了忙里偷个闲，给自己的心境放个假，让它充分享受放松带来的愉悦。别总以为把内心装得满满的就是充实，其实卸下心灵的负荷更是一种幸福。

很多生活在底层的人们为了生存拼了命地打拼，疲于奔命，由于工作时间过长、劳动强度加重、心理压力过大，从而导致精疲力竭，甚至引起身体潜藏的疾病急速恶化，继而出现致命的症状，这样就潜伏着“过劳死”的危险。目前，疯狂工作而不注意身体的人太多了，他们为了前途和成就宁愿赔上自己的健康，这种现象不仅在中国，在全球都是如此，不仅有生活在底层的人，也有一些身居高位的人。

其实，我们需要工作，我们更需要休息。我们热爱工作，但我们更爱生活。当我们放下手中的工作，可以静静地休息一会儿时，不妨想想：我们有没有留一点时间给自己的家人呢？我们有没有去关爱那些世界最爱自己的家人呢？亲爱的，不管你有多忙碌，请多和家人出去走走。因为，事业起起伏伏，家庭才是你坚强的后盾。

7. 活到老学到老，一天学一点锻炼大脑

我们处在一个高度信息化的社会，又处于一个全球化的市场中，大约每过几秒便会有一种新事物产生。每一个新事物的产生便连带着一种新的经验和运作方式。面对这些新的事物和新的经验，倘若你拒绝学习，那么你便不可能适应崭新的社会，只会注定失败的命运。所以，拒绝学习就是选择失败。

在这个世界上，没有一本万利的知识。未来社会的竞争，必将逐渐从知识竞争转向学习潜质的竞争。

人们常常会这样说："书山有路勤为径，学海无涯苦作舟。"无止境地学习，是每一个智者所必需的。人要想不断地进步，就得活到老、学到老，一天学一点锻炼自己的大脑。

正因人类几千年积累下来的知识文化，不可能在短时间内学完。就算用一生中几十年的时间来学习，也还是十分有限的。正所谓，吾生也有涯，而知也无涯。尤其在现代社会，世界在飞速发展，知识更新的速度日益加快。所以，人们应对千变万化的世界，就务必发愤做到活到老、学到老，要有终身学习的态度。

何况现代社会的知识寿命大为缩短，知识淘汰的速度正在逐渐加快，过去所学习的知识，会很快过时。倘若不能够及时地更新自我的知识，很快就会进入所谓的“知识半衰期”，很快就会被淘汰。据统计，当今世界九成以上的知识是近三十年产生的，知识半衰期只有五至七年。而且人的潜质就像蓄电池一样，会随着时间而慢慢地消失。人们的知识需要不断“加油”、“充电”，不及时“充电”很快就会在现代社会中失去能量。

因此，在信息技术高度发达的知识经济时代，人类唯有把学校教育延长为终身的学习才能适应社会发展的要求。终身学习，讲的是一个人在一生中都要时刻学习。从幼年、少年、青年、中年直至老年，学习将伴随人的整个生命历程并影响人生命的发展。简言之，就是活到老，学到老。

未来社会的竞争，必将逐渐从人才竞争转向学习潜质的竞争。我们每个人都应该树立终身学习的理念，并做到在学习中工作，在工作中学习。真正实现自我完善、自我超越。真正实现与时俱进，跟得上时代发展的步伐。

李嘉诚因为家境贫寒，上到初中就被迫辍学。父亲去世后，他就此负担起整个家庭的生计。尽管他工作很辛苦，但他知道，倘若没有知识，没有学问，他将来就不可能在社会上立足。他白天当推销员，晚上上夜校。他到废品收购站去买别人废弃的旧教材，用旧报纸练字，利用各种方式疯狂地学习知识。

李嘉诚年轻的时候基本没受过正式教育，尤其是英语，连 26 个英文字母都没学全，可是他深知在香港做生意，不学好英语永远都不会有任何出息。经过极为刻苦的学习，他的英语水平甚至比普通的大学生还要高。20 世纪 50 年代他做塑胶花生意时，订阅了好几种全世界最新的塑胶杂志，以便能够掌握最新形势。在外国杂志中，他留意到一部制造塑胶花的机器，但从外国订制太贵了，于是他凭着自学的英文研制了这部机器，这成为他早年十分得意的事情之一。他又靠着自己当时还很不流利的英文，和外国人做生意，打开了国际市场。短短几年的时间，他就成了享誉东南亚的“塑胶大王”了。

此后，他不断挑战自我，永不放弃学习，在每个时代，都能成为引领风潮的杰出人物。20 世纪 60 年代，地产低潮，李嘉诚大举入市，从塑胶大王变为地产大王。70 年代，他的公司上市，成为资本市场纵横捭阖的王者。在新经济时代，他又一举进入电信和网络行业。

1999 年，他以 140 亿美元的价格卖掉英国 Orange 电信公司，然后大举进入欧洲的 3C 业务。他旗下的 Tom 公司，以网络为核心，整合传媒产业，建立庞大的传媒帝国。他以 70 岁的高龄，仍然坚持学习，当别人向他请教如何决策时，他说：“你自己应该知识面广，同时一定要虚心，多听专家的意见。自己作为一家公司的最后决策者，一定要对行业有相当深的了解，不然的话，你的判断力一定会出错。”

从一个街头推销员到今天举足轻重的商业领袖，李嘉诚热爱学习的精神值得我们每个人效法。

随着市场竞争越来越激烈，每一个公司都在绞尽脑汁不断做出技术、管理上的更新，只有这样才能适应新的市场情况、新的竞争。作为生活在新时代的一分子，也必须在这样的情况下不断更新自己，而不断更新自我的方式便是不断地学习。

有句格言是这样说的：“问则一时耻，不问则一生耻。”不懂的事，不为耻，应该放低姿态勇敢地去向别人请教。我们每个人，不论你是年老还是年轻，你都应该放下自己短视的羞耻心，对新的工作上的无知必须用不断学习、询问来达到“有知”。一个有远见的人从“无知”到“有知”的过程便是一个从旧我到新我的转变。

我们处在一个高度信息化的社会，又处于一个全球化的市场中，大约每过几秒便会有一种新事物产生。每一个新事物的产生便连带着一种新的经验和运作方式。面对这些新的事物和新的经验，倘若你拒绝学习，那么你便不可能适应崭新的社会，只会注定失败的命运。所以，拒绝学习就是选择失败。

通过在工作中不断学习，你可以避免因无知滋生出自满，损及你的职业生涯。专业能力需要不断提升技能组合以及刺激学习的能力相配合。所以，不论是在职业生涯的哪个阶段，学习的脚步都不能稍有停歇，要把工作视为学习的殿堂。

第七章

总有一天，全世界都会为你鼓掌

或许你现在很不起眼，或许你现在正遭遇挫折，但只要你有梦想，只要你一直为梦想去奋斗，总有一天，美好的日子将会属于你，鲜花和掌声都将属于你。

1. 乌云永远遮不住微笑的太阳

当灾难来临时，我们都要学会用微笑承受痛苦，学会用微笑把眼泪揩干，让孱弱的双肩撑起抑郁的额头。不论经历了怎样的委屈、艰辛和误解，我们每个人都应该用最美的微笑来迎接灿烂的每一个黎明。

现在，有很多人活得很累，过得很不快乐。其实，人只要活着就会有很多烦恼。痛苦或是快乐，取决于你的内心。人不是战胜痛苦的强者，便是向痛苦屈服的弱者。再重的担子，笑着也是挑，哭着也是挑。再艰难的岁月，微笑着撑过去了，就是胜利。

有很多烦恼和痛苦是非常容易解决的，有些事只要你肯换种角度、换个心态，你就会有另外一番光景。所以，当我们遇到苦难挫折时，不妨把暂时的困难当作黎明前的黑暗。

只要以积极的心态去观察、去思考，就会发现，事实远没有想象中那样糟糕。换个角度去观察，世界就会更美好。

面对人生的烦恼与挫折，再苦再累，也要懂得始终保持自己的微笑。

假如没有苦难，我们会骄傲；没有挫折，成功不再有喜悦；没有沧桑，我们不会有同情心。因此，我们不要幻想人生的大道上永远一帆风顺，我们来到人间就是为了承受苦难而来的。

你要从现在开始，微笑着面对生活，不要抱怨生活给了你太多的不幸，不要抱怨生活中有太多的曲折，不要抱怨生活中存在的不公。当你走过世间的繁华与喧嚣，阅尽世事，你会幡然明白：人生不会太圆满，再苦也要笑一笑！

两个人跋涉在荒无人烟的大漠中，他们感到非常疲惫，而在翻越一座大山时他们不慎把随身携带的两壶水弄丢了一壶。在短暂的休息时，他们开始对话：

一个人说："完了，我们只剩下一壶水，怎能走出缺水的沙漠？"

另一个人说："真是太好了，我们还有一壶水，足够我们到达目的地。"

同样的一壶水，一个人看到的是失望，甚至绝望，而另一个看到的却是希望。

悲观者常把挫折和失败当作厄运，而乐观者常把挫折和失败当作起跳奋起的台阶，而且最终把它变成人生中最宝贵的财富。就好比穿行于乌云之间的太阳，悲观者只看见乌云，那是天空的眼泪；乐观者则看到乌云的金边——那是太阳即将露出笑脸的光辉。

我们看不见阳光是因为我们低着头，所以我们只能看见自己的影子。哲人曾说过这样一句话："乌云是遮不住太阳的，是的，遮不住的！"其实，可以这样认为，乐观是乌云背后微笑的太阳。在乐观者心里，乌云是暂时的，就像一粒被沙尘掩埋的金子，只要风的慧眼扫过，金子总会发出光芒。乌云遮住的只是太阳的影子，却永远也不能遮住太阳前进的步伐。

乐观者海纳百川，既能航行小小扁舟，又能航行航空母舰！既能容纳惊涛骇浪，又能荡漾微波涟漪；悲观者一叶障目，即使走在人生的浩瀚林海中，也是只见树木不见森林，只有小丘没有泰山。

乐观者在遭遇人生的巨大灾难时常安慰自己：这一切终究会过去！悲观者身临困境时常唉声叹气：这一切怎么还不过去？

“终究都会”和“怎么还不”尽管只是四字之差，但在心态和境界上却存在着巨大的差别。乐观者和悲观者尽管都是“身在人世间”，但乐观者“心存星空中”，悲观者却让自己“暗无天日”。痛苦、不幸和磨难是乐观者的人生试金石，是悲观者的人生绊脚石。

当我们手中剩下一壶水的时候，我们不妨给自己鼓励和力量：喝了这壶水，我们就能抵达理想的绿洲，努力地向前与你的梦想拥抱。

曾经有一位30岁的女同事深深地吸引了我，因为她是第一个向我微笑的人。看着她那张笑脸，我一天的心情都很好。

慢慢地，我发现她有一面十分精致的小镜子。每当午休的时候，她都悄悄地拿出来照一照。我发现，她常常独自一个人对着镜子微笑。有一次，我实在忍不住好奇心，试探地问道：“你为什么总爱照镜子？你为什么总是这么开心呢？”

于是，她把自己的故事告诉了我。原来，她在三年前得了乳腺癌，丈夫在她刚刚做完切除手术后，就和她离婚了。她带着只有5岁的女儿一起生活，整天垂头丧气，常常泪流不止。很长一段时间，她都打不起精神。她说，那时感觉天空都是灰色的。有一天，她站在镜子前，看到镜子里映出了一张陌生的脸：那张苍白的脸没有一丝血色，眼神也变得呆板而茫然。她当时就吓了一跳，自己原来那张年轻、俊美的脸究竟到哪里去了？她努力对着镜子笑了笑，才稍稍感觉自己有了一丝生机。她接着又笑了笑，顿时变得神采奕奕。她的心情也随之振奋了一下。从此以后，她暗自对自己说："无论发生什么事情，我都要坚强、快乐地活下去。"

她于是痛下决心，常常对镜子里的自己微笑。此外，她用业余时间搞文学创作，发表了许多文学作品，也收到大量的读者来信，她活得越来越充实，工作也做得越来越出色，每年年终都能拿到很多奖金。她和周围的人相处得很融洽，因为她常常对人们友善地微笑，人们也同样回报她以微笑。

听了这个故事，我明白了一个道理：懂得对自己微笑的人，她的心灵天空将随之晴朗；懂得对生活微笑的人，将会拥有美丽的人生。在这个世界上，任何人都会遇到各种各样的困境与不幸，有人以消极悲观来应对，有人则能够以积极的态度微笑着迎接挫折的到来。当然，坦然的态度是值得我们每个人欣赏的。

保加利亚哲学家吉里尔·瓦西列夫在《情爱论》一书中说："爱的微笑像一把神奇的钥匙可以打开心灵的迷宫，它的光芒照亮周围的一切，给周围的气氛增添了温暖和同情，殷切的期望和奇妙的幻境。"微笑所释放出的能量也许是世上最惊人的奇迹，而奇迹本身就是它永恒的荣耀，化干戈为玉帛，化武力为祥和。

微笑貌似平平淡淡，其实却是恰到好处。它既是一种单纯，也是一种丰富；它既是出于礼貌，更是发自内心。

当灾难来临时，我们都要学会用微笑承受痛苦，学会用微笑把眼泪揩干，让孱弱的双肩撑起抑郁的额头。不论经历了怎样的委屈、艰辛和误解，我们每个人都应该用最美的微笑来迎接灿烂的每一个黎明。人生苦短，一个人要想成就一番事业，必然会付出更多的努力和勇气，用真诚的微笑感染和打动身边的每一个人，那么你的脚印就会坚实而有重量！

所以，遇到挫折与不幸时，请你笑一笑；当不安掠过你的心灵时，请你笑一笑；当心情焦躁时，请你笑一笑；在一天之内如果你犯下愚蠢的错误，也请你笑一笑，将它忘掉；当你因不高兴而板着面孔时，也请你一笑了之。

2. 你想到晴天时，你的生活才会充满阳光

> 生活的道路的确是崎岖不平，人生不如意十之八九。生活中的苦累远远大于快乐，逆境总是多于顺境，我们随时都可能碰上湍流和险滩，面对突如其来的困境，很多时候我们束手无策，坠入绝望的深渊。这时，我们就需要冷静思考，与其伤心难过不如改变心境来适应它，困难只是暂时的，因为远方依然是充满希望的蓝天。

我们生活在这个世界上，在这个世界上，人人都渴望得到幸福与快乐。然而，生活却错综复杂、千变万化且计划永远赶不上变化。当我们正庆幸自己有一份稳定的工作而不为生活到处去求职时，蓦然回首，我们发现自己所挣的工资竟连买一件漂亮时装的钱都不够，我们沮丧叹息；当我们好心为别人做一件事时，却带来意想不到的麻烦，如媒体屡屡报道的做好事还被诬陷的怪事；有时会因一点误会，遭到他人的讥讽，好心没好报；有时为了一点小事耿耿于怀；有时自己计划好的事情却没能如愿实现，等等。

生活的道路的确是崎岖不平，人生不如意十之八九。生活中的苦累远远大于快乐，逆境总是多于顺境，我们随时都可能碰上湍流和险滩，

面对突如其来的困境，很多时候我们束手无策，坠入绝望的深渊。这时，我们就需要冷静思考，与其伤心难过不如改变心境来适应它，困难只是暂时的，因为远方依然是充满希望的蓝天。

雪梅性格内向不善言谈，不喜欢穿着打扮，但大家都知道她有一个烧得一手好菜的老公和一个争气的儿子，所以公司里的女同事都很羡慕她。

但雪梅却不认为自己过得幸福，她对生活充满了悲观和抑郁。一次闲聊中，她对同事诉苦道，虽然丈夫对自己很好，但因为是农村来的，所以家里的经济条件不太好，也没有一个好工作。儿子考上了大学，每年学费要上万，生活过得非常拮据。除此之外，每月还要给婆婆生活费。一想到买不起房子给儿子将来结婚用，就觉得内心里有一股莫名的压力。

朋友听后劝她说："其实很多人并不比你幸运，你根本不需要悲观。为还没有发生的事情担忧是十分不值得的。你应该多往好处想想，比如过去孝敬公婆付出了许多，但却得到了丈夫更多的体贴和爱护，倘若一旦自己的父母有什么事，丈夫肯定会竭尽全力地照顾。儿子这么争气，考上了名牌大学，毕业后一定会有所作为，他会创造财富孝敬你，现在的付出很值得。虽然经济条件不太好，可是毕竟不会为明天的生活而犯愁。你看看，这样一想是不是觉得生活变得很好了呢？"

很多时候，有什么样的心态就会有什么样的生活。当我们以积极乐观的心态来看待周围事物时，一切都会变得单纯而顺利。但是，倘若眼睛只盯着事情不好的一面，自己将会永远陷入困境之中。朝上看，天空自然宽广，心胸也将宽大。用豁达的心态去面对生活，就能时常发现生活中的美好，让自己的日子过得悠然自得。

有一则小笑话讲的是：有一个老太太，晴天也哭，雨天也忧。因为她有两个女儿，大女儿卖雨具，二女儿卖冷饮。晴天老太太怕大女儿赚不到钱，雨天老太太怕二女儿生意不好。有位智者非常耐心地开导她说：“你老人家大可不必天天忧心，晴天的时候你就为二女儿高兴，今天冷饮生意一定不错；雨天的时候你就为大女儿高兴，今天雨具一定好卖。这样一来，你就变天天忧伤为天天快乐了。”老太太如此一想，果真天天开心了。

世间许多事情本身并无所谓好坏，全在于你怎么看。很多时候，我们之所以感到生活枯燥乏味，是因为我们的心态是枯燥乏味的。倘若想使生活变得有滋有味，就要改变心态——变消极心态为积极心态。只有这样，我们才能改变自己的生活。

事实上，每一件事物都有它不同的一面，目力所及之下，并非是事物的全部。大部分情况下，你要寻求什么，你的眼睛就会见到什么。心情沮丧的时候，绝对不会看到阳光明媚；心境愉快的时候，就算是嘈杂声也会变成热闹的景象。当然，你想到晴天时，你的生活就会充满阳光；你想到阴天时，你的生活就会变得黯然无光。

所以，我们每个人都应该用良好的心境去对待可能遇到的状况，从而用更加积极的态度去应对生活中所发生的一切，把应当做的事情做得更好，珍惜现在拥有的，品味其中的滋味。

生下来活下去本就是一个复杂的历程，如果整天悲观失望，恐怕真的只有失败与不幸了。如果我们能够多往好处想一想，多想些乐观向上的快乐事物，那么我们便能够收获更多的快乐。

宠辱不惊，看庭前花开花落；去留无意，望天外云卷云舒。与其悲观厌世，何不选择乐观豁达面对生命中的一切。凡事多往好处想，求得一份内心的宁静，何乐而不为。快乐是一种生活的态度问题，真正的幸福永远都来自我们的内心世界。

3. 请相信，你永远都是无人可比的

很多伟人，生平就是一部从自卑到自强的奋斗史。所以，对自卑者来说，唯一的障碍不是自己不能改变自己，也不是改变中的困难，而是大声地告诉自己：我将永远是无人可比的。

在这个世界上，拥有自信的人往往比较容易获取成功。那是因为他们都有着巨大无比的潜能等着去开发。而悲观失望的人则会怯弱无能，而且将会一步步地走向失败的深渊。那是因为他们放弃对自身潜能的开发，让它白白地从生命中悄悄地溜走。

我们大家都知道的人大脑拥有 140 亿个脑细胞，但我们思维意识只利用了脑细胞的很少部分，如能将更多的脑细胞从睡眠中激活出来，人的思维意识将更加强大。倘若我们相信自己永远都是无人可比的，就能创造人间奇迹，亦能创造一个最好的自己。

一个人相信自己是什么，就会是什么。一个人心里怎样想，就会成为怎样的人。其实，我们每一个人心里都有一幅心里蓝图，或是一幅自画像，有人称它为运作结果。倘若你想象的是做最好的自己，那么你就会在你内心的荧光屏上看到一个踌躇满志、不断进取、勇于开拓创新的

自我。与此同时，你将会经常收到我做得已经很好了，我以后还会做得更好之类的信息，这样你注定会成为一个最优秀的自己。美国哲学家爱默生说："人的一生正如他一天中所想的那样，你怎么想，怎么期待，就有怎样的人生。"

美国有名的钢铁大王安德鲁·卡内基就是一个充分发挥自己创造机会的楷模。他 12 岁时由英格兰移居美国，先是在一家纺织厂做工人，当时他的目标是"做全厂最出色的工人"。因为他常常会有意无意地去这么想，而且他努力地以高标准来要求自己，很快就达成了自己的目标。后来命运又安排他当邮递员，他想的是怎样成为"全美最杰出的邮递员，"结果他的这一目标也实现了。他的一生总是在不断地告诉自己：我永远都是无人可比的，我要做最优秀、最出色的自己。

苦难是无情的，即便你是王公贵族，一样会遇到无情的苦难和人生的挫折。人生的道路上，无论如何都回避不了现实的重重困难。但是，只要你不去推诿，不胆怯，保持信心满满，保持良好的心态和旺盛的精力，努力奋进，你就一定会受到成功女神的光顾。

有相关心理学家认为："自信是在不自信中成长起来的。"其实，每个人都有自卑情绪，就看你怎样对待了。倘若你一味沉浸在自卑情绪中，那么你将一事无成。倘若你能化自卑为力量，辩证地看待自己的优缺点，既不自卑，也不自傲，心中充满自信，经常进行积极的自我对话：我行，我有能力去干……那么你就会如同一只雄鹰，自由翱翔在自信的天空中。

可见，自卑者千万不要因为自己某些方面的缺陷就使自己对生活感到厌倦和绝望，相反，它应该是自己努力摆脱目前困境、超越自我的巨大动力。很多伟人，生平就是一部从自卑到自强的奋斗史。所以，对自卑者来说，唯一的障碍不是自己不能改变自己，也不是改变中的困难，而是大声地告诉自己：我将永远是无人可比的。

4. 紧抓信念的手，希望就会永远牵着你的手

一个人、一个国家，乃至一个民族最可怕的敌人，就是没有坚定的信念。只要坚定信念，成功将会永远属于我们；只要坚定信念，人生的道路上将永远都充满欢歌笑语。

信念是大海中的灯塔，指引我们前行；信念是初升的太阳，给我们希望；信念是山顶的美景，给我们奋发向上的动力。信念，是一种境界，是一种崇高。信念，是雄鹰展翅高飞的决心，是鱼儿遨游大海的豪情，是种子破土时生命的洒脱和展现。

信念，就像一只鸟儿，在黎明前，大地仍然处于黑暗时，感受光明，唱出动听美好的歌儿。在人生坎坷的旅途中，有人迷失了自我，在这个时候信念却坚定了他们的决心，燃起希望的灯火，成为照亮前途的灯塔。一个人、一个国家，乃至一个民族最可怕的敌人，就是没有坚定的信念。只要坚定信念，成功将会永远属于我们；只要坚定信念，人生的道路上将永远都充满欢歌笑语。

有这样一则故事：浩瀚的沙漠中，一支探险队在艰难地跋涉，他们没有水了。于是，队长从腰间取出一个水壶，两手举起来，十分惊喜地

喊道：我这里还有一壶水！但穿越沙漠前谁也不能喝。沉甸甸的水壶从队员们的手中依次传递，原来那种濒临绝望的脸上又显露出坚定的神色。一定要走出沙漠的信念支撑他们踉跄着一步一步地向前挪动。终于，他们死里逃生，走出茫茫无垠的沙漠。大家喜极而泣之时，久久凝视着那个给了他们信念支撑的水壶。队长小心翼翼地拧开水壶盖，缓缓流出的却是一缕缕沙子。他很诚挚地对大家说，只要心里有坚定的信念，干枯的沙子有时也可以变成清冽的泉水。

很多时候，信念就好比指引方向的罗盘，是远航中指引我们前行的方向。在一望无际的沙漠里，重要的不是一个人飞得有多高、有多远，关键在于有明确的方向。

信念有时徘徊于坚定与动摇之中，彷徨于前进与退缩之中，有时甚至会出现坚持比放弃还难的无奈。在这个故事中，所有队员都迷失了生存的信念，坚持下去却看不到希望，又不甘心放弃求生的欲望。后来，当队们坚定自己的信念时，命运却发生了戏剧性的改变，很快他们便走出了茫茫的大沙漠。试想一下，倘若心中没有任何信念，那么将会出现什么样的后果？

一个人的人生价值往往在信念的树立与坚持的过程中表现出来。坚定信念，犹如在内心撒下一颗种子，只要在合适的条件下，种子自会生根发芽破土而出，总会有果实的希望。有时需要外力辅助才可取得成果，但最终还要靠自己去完成，因为任何人也不可能把信念深植于你的心中。所以，我们要坚守自己的信念，播下希望的种子。

罗杰·罗尔斯是美国纽约州历史上第一位黑人州长。他出生在纽约声名狼藉的大沙头贫民窟。这里环境肮脏，充满暴力，是偷渡者和流浪汉的聚集地。在这儿出生的孩子，耳濡目染，他们从小逃学、打架、偷窃甚至吸毒，长大后很少有人能够找到一份体面的工作。可是，罗杰·罗尔斯是个例外，他不仅考入了大学，而且成了州长。

在记者招待会上，一位记者对他提问："是什么把您推向州长宝座的?"面对很多记者，罗尔斯对自己的奋斗史只字未提，只谈到了他上小学时的校长——皮尔·保罗。

1961 年，皮尔·保罗被聘为诺必塔小学的董事兼校长。当时正是美国嬉皮士流行的时代，他走进大沙头诺必塔小学的时候，发现这个地方的穷孩子比"迷惘的一代"还要无所事事。他们不与老师合作，旷课、斗殴，甚至砸烂教室的黑板。皮尔·保罗想了很多办法来引导他们，可是一点效果都没有。后来他发现这些孩子都很迷信，于是在他上课的时候就多了一项内容——给学生看手相。他用这个办法来鼓励学生。

一天，当罗尔斯从窗台上跳进教室，伸着小手走向讲台时，校长皮尔·保罗将他逮个正着。出乎意料的是校长并没有批评他，反而说："我一看你修长的小拇指就知道，将来你一定会是纽约州的州长。"

当时，罗尔斯大吃一惊，因为长这么大，只有他奶奶让他振奋过一次，说他可以成为 5 吨重的小船的船长。这一次，皮尔·保罗先生竟然说他可以成为纽约州的州长，着实出乎他的预料。他记下了这句话，并且相信了它。从那天起，"纽约州州长"就像一面旗帜在他心里高高飘扬。罗尔斯的衣服不再沾满泥土，说话不再夹杂污言秽语，行动也不再拖沓和漫无目的。他开始挺直腰杆走路，在以后的四十多年间，他没有一天不按州长的标准要求自己。51 岁那年，他终于成为纽约州州长。

在就职演说中，罗尔斯说："信念值多少钱？信念是不值钱的，它有时甚至是一个善意的欺骗，然而你一旦坚持下去，它就会迅速增值。"

在人生的道路上，多一分执着，再多一分“我能行”的信念，也许自己的梦想会在不经意间变成现实，也许那些看似不可能成功的事情也会在自己的坚持下变得简单而容易。

信念的力量在于即使身处逆境，亦能帮助你鼓起前进的船帆；信念的魅力在于即使遇到困难，亦能召唤你鼓起生活的勇气；信念的伟大在于即使遭遇不幸，亦能促使你保持崇高的心灵。信念是人生旅途中的一颗璀璨明珠，既能在阳光下熠熠发亮，也能在黑夜里闪闪发光。当你行走在阳关大道时，请千万要记住，道路上还有泥泞。有时候不是一些事情根本无法做到，才让人们失去自信，而是因为失去了自信，沉浸在逆境中无法自拔，事情才显得难以做到。坚定信念，才能走向成功。

信念是人生的太阳，它将永远照耀着你的人生之路。无论你遭受多少艰辛，无论你经历多少挫折，只要你心中拥有信念，那么总有一天，你一定会走出困境，让生命之花重开的！人生就是这样，只要信念还在，希望就在！

人生需要信念，只有坚定信念的人，才能拥有玫瑰的芬芳，夺取胜利的桂冠，创造生命的奇迹。只要有信念才能产生勇气和力量，只要有勇气和力量才能战胜各种艰难险阻。拥有信念就会拥有宽宏的气概和豁达的胸襟。只要有信念，才能够拥有成功。信念源于内心，只要有坚定的信念，便会有无穷的力量，即使遇到挫折、陷入困境，也能渡过难关，即使再大的风雨也无法摧毁，最终走向成功。

5. 路再长也会有终点，事再难也有成功的一天

经历苦难是人生的常态。因此，我们要正视苦难的存在，要始终相信这一点：路再长也会有终点，事再难也有成功的一天。

面对苦难，不同的人会从不同的角度去看待，这时候也就产生了积极和消极的区别。苦难的存在并不就是仅仅代表了消极，因为很多积极的事情都是在苦难之后接踵而至的。它就像塞翁跑丢的那匹马，在它回来之前，你永远都不会知道是祸还是福。

经历苦难是人生的常态。因此，我们要正视苦难的存在，要始终相信这一点：路再长也会有终点，事再难也有成功的一天。

我们没有办法在这个世界找到真正的完美，人生也是如此。有顺境就会有逆境，一路顺风驶到人生终点的人，过去没有，现在没有，将来也不会有。

每个人在生活中总会遇到这样那样的不顺。但是，此时此刻你必须保持清醒，坚定地相信总有一天自己会赢得成功。当你心中始终拥有这样的信念时，那么上苍也绝不会辜负你的美好心愿。

人生不可能一帆风顺，所以即使你失业了，也不要自暴自弃，心中

永远保存成功的信念，终有一天你会获得意想不到的成功。

有一个年轻人，从小就有一个梦想，盼望自己能够成为一名杰出的赛车手。他在部队服役的时候，曾开过卡车，这对他纯熟驾驶技巧起到了很大的辅助作用。

退役之后，他到一家农场开车。在工作之余，他仍始终坚持参加一支业余赛车队的技巧练习。只要有机会加入车赛，他都会想方设法地去积极参加。因为得不到好的名次，所以他在赛车上的收入简直为零，这也使得他欠下一笔数量不小的债务。

那一年，他参加了威斯康星州的赛车比赛。当赛程进行到一半多的时候，他的赛车位列第三，他有很大的愿望在这次比赛中取得好的名次。

忽然，他前面那两辆赛车发生了车祸，他敏捷地滚动赛车的方向盘，试图避开他们。但毕竟由于车速太快没有取得最后的胜利。结果，他撞到车道旁的墙壁上，赛车在焚烧中停了下来。

当他被救出来时，手已经被烧焦，鼻子也不见了，体表烧伤面积达40%。医生给他做了 7 个小时的手术之后，才使他从死神的手中摆脱出来。

经过这件事情后，虽然他的性命保住了，可是他的手萎缩得像鸡爪一样。医生告诉他："以后，你再也不能开车了。"

然而，他并没有因此而灰心失望。后来，他接受了一系列植皮手术，为了恢复手指的机动性，他天天都不停地训练用残余局部去抓木条，有时疼得浑身大汗淋漓，而他依然坚持着。

他始终深信自己的才能。在做完最后一次手术之后，他回到了农场，换用开推土机的方法使自己的手掌重新磨出老茧，并持续训练赛车。

仅仅是在 9 个月之后，他又重返了赛场！他首先加入了一场公益性的赛车比赛，但没有获胜，因为他的车在半路上却熄了火。不久，在随后的一次全程 320 公里的汽车竞赛中，他获得了第二名的成绩。

又过了 2 个月，还是在上次发生事故的那个赛场上，他满怀信心驾车驶入赛场。经由一番剧烈的角逐，他终于得到了 400 公里比赛的冠军。

他，就是美国颇具传奇色彩的著名赛车手吉米·哈里波斯。

当吉米第一次以冠军的身份面对热忱而疯狂的观众时，他流下了激动的眼泪。

一些记者纷纷将他围住，并向他提出一个雷同的问题："你在遭遇了那次沉重的打击之后，是什么力气使你重新抖擞起来的呢?"

此时，吉米手中拿着一张此次比赛的海报图片，上面是一辆赛车迎着向阳飞奔。他没有答复，只是微笑着用黑色的水笔在图片的反面写上一句凝重的话："把失败写在背面，我相信本人一定会成功!"

原来，是自信让这位年轻人将美梦变成了现实。在遇到巨大的人生挫折时，吉米并没有因此而放弃对梦想的追求，他一直都相信成功一定会光顾自己，所以他永远只会将失败写在背面。其实，有什么样的心态就会有什么样的人生。当你对人生充满希望时，相信美好的日子将会属于你。可是，当你对生活悲观失望时，你将让日子越过越难过，越过越悲伤。

信念只是一种心态，一种选择。它并不需要任何理由和条件。成功的人，总是先相信，然后就会看到；而不成功的人，总是看到了才会相信。

无数的事实都在证明：世界冠军在成功之前，他一定是相信自己一定会成功，然后才能够成功。

不相信就等于是放弃，等于不给自己机会！成功人士，在面临新的挑战时，只有一个答案："我一定做得到。"他绝不会为自己寻找任何借口，而是第一时间相信自己一定能成功。然后，再竭尽全力地去实现它。

倘若别人不相信，但是你一定要相信自己，哪怕身边的人都持怀疑态度，你依然要相信自己，总有一天成功会属于你。

6. 总有一天，全世界都会为你鼓掌

当失败来临时，倘若你能够始终相信有一天自己一定能够赢得全世界的掌声，一定能够战胜一个又一个困难、挫折，那么成功将会离你越来越近。

笨鸟不会飞，但是它一直坚持练习飞翔，因为它想要像雄鹰一样翱翔天际。同伴们都嘲笑它不自量力，但它还在努力着。虽然花了很长时间，但是它还是学会了飞翔，甚至比同伴们飞得还要好。想当雄鹰的笨鸟并不可笑，至少它有目标，肯坚持，不放弃梦想。

身边总会有像雄鹰那样令人羡慕的人存在，他们有着属于自己的广阔天空，有着我们所没有的东西。而我们就像一只不会飞翔的鸟，只能守着方寸之地，伸长脖子看着别人自在地高飞，再低下头看看笨拙的自己，越来越怀疑自己的一生就是如此，没有改变，没有希望，没有成功。

后来，我们渐渐地不再去看别人怎么飞，一个人努力地练习。虽然不能像别人飞得那么好，但是至少要会飞，飞出这个小地方，看看外面的世界。经历过无数次的失败，听过别人无数次的嘲讽，可为了不辜负

之前的努力，不让那些看不起我们的人得意，我们还是咬牙坚持着。

当我们终于能够乘风而起，挥着翅膀飞起来的时候，我们成功了，即便这在别人看来不值一提，但我们战胜了从前的自己，达到了我们一直以来的目标，让我们的人生发生了改变。我们还要继续努力，我们相信自己还能做得更好，能够一步一步地成为让别人羡慕的人，我们一定可以做到的！

想当雄鹰的笨鸟们，不要害怕失败，不要害怕别人的眼光，用自己的力量告诉别人，告诉全世界你是最强的，总有一天，你会实现梦想，成为人人欣羡的雄鹰。

2014 年 3 月，一个新开办的互联网垂直招聘网站上线，仅仅只有几个月的时间，这个招聘网站就拥有近百家企业用户，累计个人用户达 4 万，并被一家著名的风投机构看中，获得百万级天使投资，成为一些老牌的招聘网站的有力竞争对手。这个网站的名字叫内聘网，他的创办人名为肖恒。

早在大学读书期间，肖恒就有一个梦想，那就是自主创业，开办自己的公司。肖恒在大学时所学专业是计算机，读研究生时又专攻软件与微电子，他踌躇满志，期望自己能够学有所用，在互联网领域开创出属于自己的一片天地。

刚开始工作的时候，肖恒发现，除了满脑子的专业知识，自己两手空空，想要创业是多么艰难的事情！恰在这时，他得知日本的一家公司急需计算机研发方面的人才。肖恒心想："这家公司是世界 500 强企业，倘若自己能在那里积累一些工作经验，肯定会对以后的创业有所帮助。"去日本，首先要懂日语，但是肖恒除了简单的问候，连一句完整的日语也不会讲。所幸的是这家公司看中了他的专业水平，破例录用了他。

初到日本，一切都十分艰难，特别是语言方面的障碍让肖恒吃尽了苦头。为了尽快学会日语，肖恒像蚂蚁啃骨头一样，从最简单的单词发音学起，他的宿舍墙壁上，到处贴满了日语单词、短句。由于长期、高强度的听力练习，一年后他便落下了耳鸣的病根子。当然，与此同时，他的日语水平迅速提高，已经能够很好地与人进行交流了。那段时间，不管发生什么事情，肖恒始终都抱着一个目标，那就是积累经验，为日后的创业打好基础。

四年之后，肖恒终于有能力创办自己的公司了。2007 年 7 月，他注册成立了一家人才派遣公司。但不久受 2008 年日本经济危机企业裁员的影响，在坚持两年之后，公司倒闭。

这一次创业失败，肖恒在日本辛苦打拼的积蓄全部都打了水漂，并且欠了一屁股债。后来，肖恒回到国内，应聘去了华为，负责华为欧洲片区的项目拓展。

在华为工作，待遇非常不错，北京和欧洲两地跑的日子也带给他截然不同的生活感受。但是，这种安逸、富足的生活并没有让他忘记自己当初的梦想。2012 年 4 月，肖恒开始了他的第二次创业。这次他做了一个叫“职来职趣”的职业社交网站，但由于选择的点出了问题，一年半后，依然以失败告终。

两次创业失败给予肖恒沉重的打击。这个时候，他刚刚做了父亲，事业的不顺让他把全部心思放到了孩子身上。

一天，他陪孩子看一部名为《极速蜗牛》的动画片，原本对动画片并不感兴趣的他看得入了迷，被那只名叫特伯的菜园小蜗牛深深地打动。他下定决心：一定要坚持下去。

肖恒重新振作起来，他先是花费很大的精力做了市场调研，对自己上一次的创业失败进行总结。在他看来，单纯依靠一个线上的社交网站，很难形成彼此互惠互利的关系，正是因为这一点才导致了“职来职趣”的失败。对大家来说，求职才是刚需，如何让招聘方、求职方都能从刚需中享受到更好的服务，这便是自己的机会。基于这样的想法，肖恒创办了内聘网，即通过对双方需求和条件的分析，把相对合适的人推荐到相应合适的职位，从而完成招聘过程。

虽然类似的互联网垂直招聘网站有很多，但大多数公司更像是在做信息平台：吸引招聘方和应聘者入驻，形成庞大的供需信息。相比之下内聘网是按需求和资料信息的匹配程度排序推荐，包含了更多人性化的体验和理想化的东西在里面。因此，内聘网上线没多久，就已向企业成功推荐求职者候选人超过 1000 人，面试率达到 50%以上。

当然，对于肖恒来说，创业还刚刚开始，未来的路还很长。但是，这次创业成功，让肖恒明白，总有一天，你的梦想会变成现实，全世界都会为你的成功鼓掌的。面对记者，肖恒信心满怀地说：“没有抛弃人的梦想，只有抛弃梦想的人。只要认定目标，坚持不懈地朝着目标努力，总有一天能到达梦想的彼岸。”

肖恒的创业故事确实很值得我们深思：一个人只有满怀信心地去为梦想努力奋斗，才会一步步地走向成功。当初，肖恒失败得彻彻底底，但是面对人生的挫折，他没有因此而选择一条放弃的路，而是勇敢地调整了自己的目标，继续为梦想而执着。在这其中，他之所以能够取得巨大的成功是因为巨大的自信心一直在支撑着他。

在这个世界上，每个人都渴望能够取得事业的成功。但是，能够真正实现梦想的人却只是很少的一部分。这是为什么呢？因为他们在面对人生灾难时的态度决定了他们是否可以达成目标。当失败来临时，倘若你能够始终相信有一天自己一定能够赢得全世界的掌声，一定能够战胜一个又一个困难挫折，那么成功将会离你越来越近。但是，倘若你一遇到挫折就对自己失去自信，认为自己没有能力做好手上的事情，那么等待你的恐怕只有悲惨的结局了。

第八章

未来的你，必将感谢现在永不放弃的自己

每一个伟大的人物都要经历一段磨砺。你现在的努力，都是为了将来成为更优秀的自己。或许目前很辛苦，或许目前很艰难，但你所付出的一切努力都具有巨大的价值，你所坚持的一切都是为了成就将来的自己。

1. 人生本来就是踏上了就回不了头的路

一个人的成长必须经历各种各样的磨难与挫折，他才能够足够强壮。倘若缺少必要的磨难与挫折，他将无法坚强地面对生活，势必会一步步地走向毁灭。也就是说，人生是一条踏上了就回不了头的路。

飞蛾在由蛹变茧时，翅膀萎缩，十分柔软；在破茧而出时，必须要经过一番痛苦的挣扎，身体中的体液才能流到翅膀上去，翅膀才能充实、有力，才能够支持它在空中自由地飞翔。同样道理，一个人的成长必须经历各种各样的磨难与挫折，他才能够足够强壮。倘若缺少必要的磨难与挫折，他将无法坚强地面对生活，势必会一步步地走向毁灭。也就是说，人生是一条踏上了就回不了头的路。所以，我们要懂得以骄傲的姿态行走在人生的大道上。当面对不幸与灾难时，能够从容而勇敢地去迎接它。当面对人生的顺境时，我们要能够做到宠辱不惊，笑看庭前花开花落的潇洒与从容。

中国台湾作家林清玄写过一个故事：有一年上帝看见农民种的麦子硕果累累，觉得很开心。农夫见到上帝却说，五十年来我没有一天结束祈祷，年年祈祷不要有风雨、冰雹，不要有干旱、虫灾。可是，无论我怎样祈祷总不能如愿以偿。

农夫忽然吻着上帝的脚说：“我无所不能的上帝！您可不可以明年承诺我的恳求，只要一年的时光，不要大风雨、不要烈日干旱、不要有虫灾?”

上帝说：“好吧，明年一定会满足你的心愿。”

第二年，由于没有狂风暴雨、烈日与虫灾，农民的田里果然结出很多麦穗，比往年的多了一倍，农民高兴到了极致。可等到秋天的时候，农夫发现所有的麦穗竟全是瘪瘪的，没有什么好籽粒。农夫含泪问上帝：“这是怎么回事?”

上帝告知他，说：“由于你的麦穗避开了所有的考验，才会变成这样。”

一粒麦子，尚且离不开风雨、干旱、烈日、虫灾等挫折的考验，对于一个人，更是如此。一个人倘若要赢得别人的尊重，获得事业的成功，那么就得经历各种各样的痛苦与不幸。一个人倘若想不劳而获，不付出任何努力就能够收获荣誉与尊严，几乎是不可能的事情。

有人说过，人的脸形就是一个“苦”字，天生就应该受尽各种各样的苦难与不幸。人的一生，在自己的哭声中临世，在亲人的哭声中辞世，中间百十年的生活，无时无刻不在与艰巨、困苦、疾病、灾害打交道。

倘若人生没有磨难，其本身就是一种灾害。长期生活在一顺百顺、无忧无虑的环境中，淘汰不了劣者，筛选不出强者，人类就不会进化，社会就不会不断地向前发展。而我们每个人认真审阅自己的心坎，总会惊喜地发现，点燃自己灵魂之光的往往正是一些当时被看作是磨难和困苦的境遇或事件。一个完善的人生，真的必须要历练一番。

所以，从某种意义上不得不说：“苦难”是上帝馈赠给人类最好的礼物！但是，苦难变成财富是有条件的。

我们不必学那些宗教殉道者，把苦痛作为一种享受和目标，我们是具有正常生理及心理功效的人，有七情六欲，知道趋利避害，理解享受生活，但我们知道“阳光总在风雨后”，“吹尽黄沙始见金”这两句话的深刻含义。

约翰的祖父留给他一座美丽的森林庄园。他一直都为此而感到无比自豪。可是，天有不测风云。在那年的深秋，一道雷电引起了山火，无情地烧毁了那一片郁郁葱葱的森林。

约翰决定向银行贷款，以恢复森林庄园以往的生机勃勃，但是银行却拒绝他的申贷，这使原来垂头丧气的约翰心情更糟糕了。沮丧的约翰茶饭不思地在家躺了好几天，太太害怕他会闷出病来，就劝他出去散散心。

约翰漫无目的地走到一条街的拐角处，看见一家店铺前人山人海，原来人们是在买用于烤肉和冬天取暖的木炭。他望着那一截截放在箱中的木炭，突然眼前一亮。

回家后，他请了几个炭工，把庄园里烧焦的树木加工成优质木炭，分装成 1000 箱，拿到木炭分销店里，那 1000 箱木炭没过多久就被抢购完了。

约翰从分销商手里得到了一笔钱，第二年春天买了一大批树苗在庄园种上，森林庄园里终于又绿浪滚滚了。

当约翰擦亮双眼后，生活的道路便重新展现在他眼前。

其实，在这个世界上，并不存在什么真正的“绝境”。无论黑夜多么漫长，朝阳总会冉冉再升；无论风雪多么疯狂，春风总会缓缓吹拂。通往成功的道路不止一条，当挫折与困难将要降临时，千万不要停下脚步，因为，很多时候失败只是滔天大水上的一座独木桥，只要勇敢走过去，等待你的将是成功。

2. 你在哪里跌倒，你就要在哪里站起来

人的一生是一段漫长的路程，不要因为一时的失败就否定自己，要有从头再来的勇气。要用平常心去看待人生中的起落，不能因为一次成败得失来决定你的整整一生。每个人的人生不可能一帆风顺，总有潮起潮落之时，有时失败未必是坏事。没有昨天的失败，也许就未必有今天的成功。

每个人的人生总是伴随着失败和挫折，跌倒并不可怕，可怕的是偃旗息鼓。倘若小孩在学走路时，因为害怕跌倒而拒绝，那么他永远都不可能学会走路。因为一次跌倒而拒绝爬起来继续上路，那将会错过生命中的很多美景。要知道，跌倒不过是下一次腾飞的开始。

俗话说，失败是成功之母。你现在觉得让你痛不欲生难以面对的事情，实际上回过头来看看，对你来说是最有益处的一次帮助。

人生不能没有教训，正如跌倒是每个婴儿学习走路必经的过程。不小心跌倒了，最好能不受伤害，更不要因为一时的失意而一蹶不振。曾有个著名企业家是这样说的："跌倒了不必急着站起来，四周找找看有什么可以捡的，再站起来！"此言确实不错。人生的顺境、逆境，对于

一个有智慧的人来说都是宝贵的经历。

跌倒是为了学会如何自己爬起来。这虽然看起来很简单，很多人在现实生活中根本无法做到，那种内心的恐惧可以摧毁你想做的任何事情，摧毁你自己。跌倒可以累积经验，所以，跌倒不一定是坏事。孩子跌倒了，父母常常说："不要紧，不要紧，跌得多，长得快。"

每个人的成长过程，就像练习骑脚踏车一样，总要跌倒好多次才能学会。有些老年人还会自豪地说自己很会跌倒，因为他懂得跌倒时要双手紧抱，也会安然无恙。或许成长和小时候学习走路的经历是一样的，只有不断地摔倒，不断地爬起来你才能学会。

对于我们来说最糟糕的事是什么？损失金钱、失去爱情、亲人离别、遭人陷害，还是被病痛折磨得够呛？不，这些都不是最糟糕的事，只要你的生命尚存一息，只要你还活在这个世界上，你就没有理由抱怨自己的现状太糟。除此之外，任何东西你失去了，哪怕你现在一无所有，也只不过是从头再来，没什么大不了。

人的一生是一段漫长的路程，不要因为一时的失败就否定自己，要有从头再来的勇气。要用平常心去看待人生中的起落，不能因为一次成败得失来决定你的整整一生。每个人的人生不可能一帆风顺，总有潮起潮落之时，有时失败未必是坏事。没有昨天的失败，也许就未必有今天的成功。

人生最大的敌人是自己，只有敢于承认失败，敢于从头再来，才能最终战胜自己，战胜命运。面对失败，我们没什么可抱怨的，从哪里跌倒，就从哪里爬起来。

从前，有个"渔王"非常苦恼，就因为三个儿子的捕鱼技术都很一般。他常向人诉苦："我从儿子们刚懂事起就传授技术，怎么他们都比不上平常人家的孩子?”

一位路人听后，问：“你一直是手把手地教他们吗?”“是啊，我很仔细、很耐心地教他们。”

“他们是一直跟着你干活吗?”“是啊。为了让他们少走些弯路，我一直让他们跟着我干。”路人说：“看起来这是你的错。你只传授给了技术，却没传授给他们教训，没有教训就不能成大器!”

一个人只有在汲取失败的教训之后，才能够一步步地走向成功。倘若不懂得汲取教训，那么恐怕永远也无法收获成功。很多时候，我们要勇敢地面对生命中的挫折与不幸，要时刻以失败为镜子，认真地从中总结经验与教训，久而久之，就会找到解决问题的正确方法，从而逐渐地接近自己的目标。

要微笑地面对所有挫折，要从失败中培养成功。障碍与失败是通往成功的两块最稳定可靠的踏脚石，如果你能够认真地研究它们，利用它们，便没有别的因素更能对一个人发挥干扰作用。回过头来看看，你是否发现失败曾经帮助你一步步地走向成功的大门。

失败对于每一个人来说都不陌生，我们从小到大，都或多或少地经历过失败的打击。事业取得成功的过程，实质上也就是不断失败再战胜失败的过程。经研究证明，许多伟大人物所做的事情中，成功与失败的平均比率是 1 ∶ 10，也就是说，他们几乎要失败 10 次才能换来 1 次成功。

因此，在通往成功的道路上，挫折与失败是必然存在的，能不能经得住失败的考验，决定了能否达到成功的目标。与此同时，跌倒了爬起来，而且是自己坚强地爬起来，勇敢乐观地面对摔伤的地方，你会发现生活中的困难，看起来其实微不足道。困难像弹簧，你强它就弱，你弱它就强。在困难面前不要自己先低头，因为没有人可以打败你，除了你自己。唯有矢志不渝地开拓、奋进，才会赢得锦绣前程；唯有百折不挠地跋涉、攀登，才会踏上理想的彼岸。

3. 至最后一秒也不放弃，笑到最后才美丽

世上没有做不成的事，只有做不成事的人。凡是缺乏坚忍精神的人，是很难成就一番大事业的。倘若你这样坚持下去，忍常人不能忍之辱，吃常人不能吃之苦，必能做常人不能做之事。因此，不论你会遇到多少挫折与不幸，都应当以坚持不懈的信心和毅力，为实现自己的目标而努力奋斗。

坚持不是死心眼，而是对正确方向感的坚持。倘若你想获得成功，就必须相信：坚忍是磨炼人的一块钢板，只有坚持下去，一切才有盼头。否则，你不但使自己一事无成，也更让别人失望。

人们常说，人最难战胜的是自己。这话道出了一个事实：一个人成功的最大障碍不是来自外界，而是他自身。除了力所不能及的事情之外，大多数失败都是由人的自身问题造成的，其中常常是自制力的问题。所以，只有控制住自己，才能控制住局面，让事情朝着你所希望的方向发展。

在这个世界上，没有做不到的事情只有想不到的事情。只要你能想到，下定决心去做，你就一定能得到你认为你应该得到的东西，你的命

运也会因此而改变。

一个人为地主搬东西的时候，失手打碎了一个花瓶。地主要他赔，可是他根本就赔不起。他被逼无奈，只好去寺庙的高僧那里讨主意。高僧说，听说有一种能将破碎的花瓶粘起来的技术，你不如去学这种技术，只要将地主的花瓶粘得完好如初，不就可以了吗？

他听了直摇头，说，哪里会有这种神奇的技术？将一个破花瓶粘得完好如初，这是不可能的。高僧说，这样吧，寺庙后面有个石壁，观音就待在那里，只要你对着石壁大声说话，观音就一定帮助你。

于是，他来到石壁前，对石壁说，救苦救难的观世音菩萨请您帮助我，只要您帮助我，我相信我一定能够将花瓶粘好。话音刚落，一个声音就回答了他：能将花瓶粘好。于是，他信心百倍，辞别高僧，去学粘花瓶的技术去了。

一年以后，这个人通过无休止地学习和不懈地努力，终于掌握了将花瓶粘得天衣无缝的本领。他真的将那只破花瓶粘得像没破时一样，将它还给了地主。他去寺庙拜谢观音菩萨。高僧将他领到那座石壁前，笑着说，这块石壁只不过是块回音壁，你所听到的观世音菩萨的声音，其实就是你自己的声音。

面对别人的责难，他并没有懦弱地退缩，而是迎着困难前行。他通过不断努力地学习，到了最后一秒都没有放弃自己对知识的渴望之心，所以他才赢得了最后的胜利。

在现实生活中，有时候我们往往觉得自己坚持得太累了，就像是绷紧了的琴弦，随时都有断掉的危险，于是，人会在这个时候变得极其脆弱，甚至想放弃、想出局。但是，我要告诉你：这个时候，你会觉得自己已经接近崩溃的边缘，一直以来受到的压力和辛苦，仿佛就会变成千钧一发的重担，随时都有可能将你无情地压垮。此时，你需要的只是动力和一点点的坚持！

史泰龙的父亲是一个赌徒，母亲是一个酒鬼。父亲赌输了，又打母亲又打他；母亲喝醉了也拿他出气发泄。他在拳脚相加的家庭暴力中长大，常常是鼻青脸肿，皮开肉绽。

因此，他长得不美，学习也不好。高中辍学，便在街头当混混。

直到他 20 岁的时候，一件偶然的事深深地刺激了他，使他醒悟反思："不能，不能这样做。如果这样下去，岂不是和自己的父母一样吗？成为社会垃圾，人类的渣滓，带给别人、留给自己的都是痛苦——不行，我一定要成功！"

他下定决心，要走一条与父母迥然不同的路，活出个人样来。

但是，成功不是靠喊口号实现的，行动才是最根本的。

所以，他长时间思索着。从政的可能性几乎是零；进大企业去发展也是不可能的事情；学历和文凭是目前不可逾越的高山；经商又没有什么本钱……最后，他想到了当演员——当演员不讲究出身，不需要文凭，更不需要本钱，而一旦成功，就可以名利双收。可是，令人深感悲哀的是，他显然不具备演员的条件，长相就很难使人有信心，而且又没有接受过任何专业训练，没有经验，也无"天赋"的迹象。然而，"一定要成功"的驱动力，促使他认为，这是他今生今世唯一出头的机会，决不放弃，一定要成功！

于是，他来到好莱坞，找明星、找导演、找制片……找一切可能使他成为演员的人，处处哀求："给我一次机会吧，我要当演员，我一定能成功！"很显然，他一次又一次地被拒绝了。

但是他并没有气馁，他知道失败肯定是有原因的。每被拒绝一次，他就认真反省、检讨、学习一次。一定要成功，痴心不改，又去找人……不幸得很，两年一晃过去了，钱花光了，他只能在好莱坞打工，做些粗重的零活。他暗自垂泪，甚至痛哭失声。难道真的没有希望了吗？难道赌徒、酒鬼的儿子就只能做赌徒、酒鬼吗？

不行，我一定要成功！后来，他想到了一个好方法，那就是：先写剧本，待剧本被导演看中后，再要求当演员。幸运的是，他已经不是刚来时的门外汉了。

两年多的耳濡目染，每一次拒绝都是一次口传心授、一次学习、一次进步。因此，他已经具备了写电影剧本的基础知识。一年后，剧本写出来了，他又拿去遍访各位导演，“这个剧本怎么样，让我当男主角吧！”普遍的反映都是，剧本还可以，但让他当男主角，简直是天大的玩笑。他再一次被拒绝了。他不断对自己说：“我一定要成功，也许下一次就行，再下一次、再下一次……”在他一共遭到1300多次拒绝后的一天，一个曾拒绝过他20多次的导演对他说：“我不知道你能否演好，但我被你的精神所感动。我可以给你一次机会，但我要把你的剧本改成电视连续剧，同时，先只拍一集，就让你当男主角，看看效果再说。假如效果不好，你便从此断绝这个念头吧！”为了这一天的到来，他已经作了3年多的准备，终于可以一试身手了。机会来之不易，他不敢有丝毫懈怠，全身心投入。第一集电视剧创下了当时全美最高收视纪录——他成功了！史泰龙的健身教练曾这样评价过他：“史泰龙每做一件事都百分之百投入。他的意志、恒心与持久力都是令人惊叹的。他是一个行动家，他从来不呆坐着让事情发生——他主动地令事情发生。”

这个故事说明了一个道理：世上没有做不成的事，只有做不成事的人。凡是缺乏坚忍精神的人，是很难成就一番大事业的。倘若你这样坚持下去，忍常人不能忍之辱，吃常人不能吃之苦，必能做常人不能做之事。因此，不论你会遇到多少挫折与不幸，都应当以坚持不懈的信心和毅力，为实现自己的目标而努力奋斗。

因此，你时刻要记住，你不放弃就永远不会失败。正如乔治·马萨森所说："我们获胜不是靠辉煌的方式，而是靠不断努力。"有了坚韧的毅力，饱满的热情，相信你一定能够笑到最后。

4. 有时不是扛不住，而是被“吓”住了

当困难出现时，许多人不是把注意力放在如何克服困难上，而是把目光牢牢盯在困难上，脑海中想的全是眼前的困难如何巨大，一旦失败后果会多么严重，总是不断地助长困难的“士气”，让自己渐渐泄气，结果只会把困难想象得越来越大，把后果想得越来越严重，以至于最终丧失了前进的勇气。在还没有与困难正式“交锋”，便让自己先败下阵来。

许多困难，其实是人们凭空想象出来的。不自信的人，往往把困难想象得比实际的大，他们为自己心中想象出来的困难所吓倒，从而丧失了许多成功的机会。

有个名为琼斯的新闻记者，极为羞怯怕生，有一天，她的上司叫她去访问大法官布兰代斯，琼斯大吃一惊，说道：“我怎能要求单独访问他？布兰代斯不认识我，他怎么肯接见我？”

在场的一个记者立刻拿起电话打到布兰代斯的办公室，和大法官的秘书通话。他说：“我是明星报的琼斯（琼斯在旁大吃一惊），我奉命访问法官，不知道他今天能否接见我几分钟？”他听对方答话，然后说：

“谢谢你，1 点 15 分，我按时到。”他把电话放下，对琼斯说：“你的约会安排好了。”

事隔多年，琼斯对这件事仍念念不忘，她说道：“从那时起，我学会了单刀直入的办法，做来不易，却很有用。第一次时克服了心中的畏怯，下次就比较容易一点。”

在这个故事中，琼斯是个十分羞怯的人，所以她常常会把挫折与困难想象得比实际情况还要严重，并且会被自己心中想象出来的困难所吓倒。其实，这种态度是非常不可取的。正确的做法应该是：以自信的姿态来对待身边发生的一切事情，当不幸降临时更要对自己充满信心。

十年前，他在一家不太景气的国企上班，每月只有几百块钱的工资，即便省吃俭用，日子依然过得捉襟见肘。很多年来，他们一家三口就局促在一间不足 15 平方米的单身宿舍里，除了一台 25 寸的彩色电视机外，家里几乎找不到一件值钱的东西。

面对这样的困境，他也曾抱怨过，也曾想过另谋他路。可是，一想到不可预知的未来，他很快就退缩了。毕竟现在还勉强过得去，并且单位买了“五险一金”，将来老了才会有一份保障。而自己除了做车工，还能够做什么事情呢？弄不好，连一家人的温饱都无法保证。左右掂量，他还是觉得维持现状比较好。

平常，尽管他嘴上抱怨着，心里诅咒着，但他还是日复一日、年复一年地从事着手头的工作。他心想，只要自己努力工作，好好表现，将来评了职称，就能涨工资。等攒够了首付的钱，就可以按揭一套商品房，再简单地装修一下，就能过上比较舒适的生活了。

然而，天不遂人愿，就是这样一个小小的梦想也无法实现。2001 年，由于企业经营不善，亏损非常严重，单位不得不裁减人员，以缓解眼前的危机。让他意想不到的是，自己竟然被列在了第一批下岗人员的名单中。下岗，这对一个上有老下有小的人来说，无异于晴天霹雳。为了不失去这份工作，他拿出仅有的一点积蓄，买了两瓶好酒，一条好烟，来到领导的家里。他苦苦地哀求领导，希望领导能够体恤一下他的困难，并将他留下来。领导听后，无可奈何地说，我也没办法，假如不裁员，厂子就保不住。最终，他好话说尽，但还是没能保住这个工作岗位。

那天，他失魂落魄地回到家里，仿佛天塌下来一般，绝望到了极点。他不敢想象失去唯一的生活来源后，以后的日子将会是怎么样的凄惨。那段时间，他感到特别失落，特别迷茫，特别恐慌，不知道未来的路将会在何方。当然，痛苦归痛苦，无助归无助，日子还得继续过下去。无奈之下，他只好面对现实，寻找其他出路。没过多久，他和妻子背上行囊，去了广东打工。

十年后，昔日走投无路的下岗工人，不仅解决了温饱问题，还有了豪华别墅，高档轿车。如今，他已是一个集团公司的老总，旗下拥有五家企业，资产达到数十亿元。一想往事，他总是感慨万千，假如不是当初所在的企业裁员，恐怕他现在还是一个碌碌无为的技术工人，过着充满牢骚与抱怨的生活。

原来，平庸与失败背后的推手，不是别人，恰好是我们自己。人生最大的敌人不是失败，而是甘于平淡、安于现状的心。一方面，人们都渴望能够过上幸福生活，可是另一方面却又十分害怕改变。人总是习惯于现有的生活状态，而不愿意做出新的尝试，结果故步自封，画地为牢，一辈子被困囿在原地，只能扼腕叹息，坐观他人的成功。其实，改变现状并不是一件十分困难的事情，只需要付出一丁点的勇气而已。

也许有人会问这样一个问题："当你的犁头和一些农具被你地里的大石头撞坏了，你会怎么办啊？"可能我会像许多人一样，十分轻松地回答："那就修一下好了！"因为大多数人面对问题时，第一反应都会选择先解决简单的小问题，有简单的谁会去做难的呢？但是，我的看法却截然不同。所以，不要被想象中的困难吓倒，不从根源处着手解决问题，这只会让我们损失很多。

在工作和生活中，谁都难免会遇到各种各样的困难。当困难出现时，许多人不是把注意力放在如何克服困难上，而是把目光牢牢盯在困难上，脑海中想的全是眼前的困难如何巨大，一旦失败后果会多么严重，总是不断地助长困难的"士气"，让自己渐渐泄气，结果只会把困难想象得越来越大，把后果想得越来越严重，以至于最终丧失了前进的勇气。在还没有与困难正式"交锋"，便让自己先败下阵来。

因此，不要恐惧面前的困难，也许困难看上去很可怕，就像那块石头，千万不要为它而心烦，要想尽一切办法将它消除掉。不要被困难的表面所吓倒，只要你去尝试，就会发现它也许并不强大。很多时候，阻碍我们去发现、去创造的，其实更多是我们心里的"巨石"。要勇敢地踏出第一步，去探索，去尝试……这就是真理诞生的过程。

5. 扛得住，最终的成功就是属于你的

人在走路的时候，不论遇到什么事情，不论经历多大的坎坷，都要坚守你的信念脚踏实地地往前走，再苦再难也要坚持一下。因为坚持就是胜利，扛得住就是成功。

有人曾经这么说，奋斗的过程其实就相当于熬的过程，在熬中奋斗，在奋斗中熬出头。也许熬过去后不会获得成功，但这教会了我们坚韧、信念、毅力。

在这个世界上，永远都不会是你一个人在熬，几乎每一个人都是慢慢熬出一段繁花似锦的未来。熬是出发与成功的中间点，就好比茶需要慢慢泡才有味，酒要慢慢酿才香醇，生米要慢慢煮才会变熟，而这些过程，体现的都是一个“熬”字。“熬”的过程，也是一种修行的过程。修内心的宁静，修处世的淡定。有磨炼，才体现出成功的弥足珍贵。其实，熬的不是岁月，熬的是心态。

也许，你的每一次努力不会取得成功，但你不努力，恐怕连成功的机会都没有。记住，只要你熬过了人生中最艰苦的岁月，成功皆有可能。倘若现在的你对生活总是怀有不满情绪，那么就学着往生活的杯子

里多倒一些令自己愉悦的调料，等杯子满了，自然对生活心满意足了。由此可见，当你“熬”过了，将一定会收获最后的胜利；扛得住了，便会赢得最终的成功。

1883 年，富有创造精神的工程师约翰·罗布林雄心勃勃地意欲着手建造一座横跨曼哈顿和布鲁克林的桥。然而很多桥梁专家却认为这计划纯属天方夜谭，不如趁早放弃。罗布林的儿子华盛顿，是一个很有前途的工程师，也确信这座大桥可以建成。父子俩克服了种种困难，在构思着建桥方案的同时也说服了银行家们投资该项目。

然而桥开工没过多久，施工现场就发生了灾难性的事故。罗布林在事故中不幸身亡，华盛顿的大脑也受到创伤。许多人都以为这项工程因此会泡汤，因为只有罗布林父子才知道如何把这座大桥建成。

尽管华盛顿丧失了活动和说话的能力，但他的思维还同以往一样敏锐，他决心要把父子俩费了很多心血的大桥建成。一天，他脑中忽然一闪，想出一种用他唯一能动的一个手指和别人交流的方式。他用那只能动的手指敲击他妻子的手臂，通过这种密码方式由妻子把他的设计意图转达给仍在建桥的工程师们。整整 13 年，华盛顿就这样用一根手指指挥工程，直到雄伟壮观的布鲁克林大桥最终落成。

在这个故事中，华盛顿不幸遇到人生巨大的挫折，但是他并没有因此而放弃对梦想的追求。凭借着唯一能动的手指无比艰难地向着目标前进，终于有一天他将心中的蓝图变成了现实。所以说，只要你在困难与失败面前，扛得住时，那么请相信最后的成功一定会属于你。

永远不要说放弃是种坚定的信念、执着的追求，也是一种可贵的自信。永远不说放弃是一种幸福，也是一种自豪。一个健康的人可以幸福地说：“我拥有健康和快乐。”一个残废的人可以自豪地说：“我的心脏没有放弃跳动，我没有放弃生活。”

当你想要放弃时，不妨想想，也许阳光就在转弯的不远处，如果此刻放弃就永远触不到成功的希望，那就对自己说：挺住，成功源于坚持。

无论是在职业的选择中，还是在工作和劳动中，很多成功往往属于那些身处逆境的人，他们没有良好的条件，没有捷径可走，也不希求外在机会的垂青，靠的就是坚持不懈而一举成名。

其实，成功与失败的差距往往仅一步之遥。很多时候，我们不肯迈出最后那一步，是因为前面大部分的困难已使人疲惫不堪，这时候一个微小的障碍就让我们难以支撑，导致前功尽弃。其实，只要咬紧牙关坚持一下，胜利就近在眼前了。

对此，萧伯纳曾经说过：“多走一步，就可以缩短一步接近成功的距离。胜利就在前方，你的任务就是坚持，就是再多走一步。”

人在走路的时候，不论遇到什么事情，不论经历多大的坎坷，都要坚守你的信念脚踏实地地往前走，再苦再难也要坚持一下。因为坚持就是胜利，扛得住就是成功。

许多成功者与失败者的区别，往往不是机遇或是更聪明的头脑，而是成功者多坚持了一刻——有时是一年，有时是一天，有时，仅仅是一遍鸡鸣。

生命的可贵在于坚持不懈地为实现自己的梦想而努力奋斗。也许在通向成功的路上你会遇到无数的艰辛与困苦，但是只要再坚持一下，就能收获成功的喜悦。坚持能带给我们信念，能带给我们自信，能带给我们动力。倘若你能够拥有这份坚持不懈的毅力，就一定会得到命运女神的垂青，成为人生的佼佼者。

第九章

梦想有多远大，你就该有多努力

有梦想的人，青春就不迷茫，人生就有奋斗方向，就有奋斗动力。人生奋斗的目的无不是为了将来有个更优秀的自己，而将来的你如何取决于现在的你怎么做。因此，你的梦想有多远大，你就应该有多努力。

1. 每个成功人士，都要历经一番艰苦的奋斗岁月

成功是每个人坚定不移的追求，但是要想成功并不是那么容易。成功是汗水和血水的结晶，成功是苦尽后的甘甜，要想获得成功，就得经历一段艰苦奋斗的岁月。

每个人都有属于自己的梦想，都渴望自己能够取得巨大的成功。但是，在这个世界上真正能够称心如意的人却少之又少。其实，这是因为他们不能够正确地面对人生中的灾难与不幸。当挫折来到身边时，他们却非常聪明地逃避了，就这样成功与之擦肩而过。但是，一个胸怀大志的人却能够始终向着目标不断前进，不管遇到什么艰难险阻，都不会放弃对理想的追求。

当然，在追求理想的过程中，每个人都要经历一番艰苦的奋斗岁月。没有人随随便便就能够收获成功，也没有一帆风顺的人生，我们渴望得到的成功是需要我们付出巨大努力的，在这其中你必须学会忍受失败的孤独与寂寞，不抱怨不诉苦，相信成功一定会属于自己。

任何成功都要有一个奋斗的历程，没有奋斗就没有胜利。一个人要想获得成功就得历经一些艰难曲折。倘若没有经过一番奋斗，没有苦难

的考验，你也不会如此顽强地去与命运作斗争。当一次次失败后，等待的将是胜利的希望。取得令人瞩目成就的人无不经历了这样一个修炼历程。

在生活中，苦难与不幸几乎是经常会遇到的事情。在我们的身边，有太多人因为恐惧失败而放弃了自己的梦想。所以，他们就失去了与成功握手的机会。在灾难面前，我们每个人都要勇敢地坚持下去。相信，当我们挺过了人生中的艰苦岁月时，成功就会悄悄地向你走来。

成功是每个人坚定不移的追求，但是要想成功并不是那么容易。成功是汗水和血水的结晶，成功是苦尽后的甘甜，要想获得成功，就得经历一段艰苦奋斗的岁月。

在这个世界上，只有付出努力才能赢得成功。其实，上天是公平的，他让你拥有一样东西的同时也会失去另一样东西。当上天给予你成功时，你必然要付出努力。从古到今，有无数的成功人士为自己的成功付出了努力：李白为自己的理想，漂泊终身；杜甫为自己的理想客居长安数十年，最后换来的却是“朱门酒肉臭，路有冻死骨”愤然离去，他体验了老百姓的疾苦，最终成为“诗圣”，但却客死孤舟，等等。他们为什么会取得人生的巨大成功呢？因为他们为成功付出了很大的努力。

在一定程度上，付出努力的多少和成功概率的大小是成正比的。很多人认为，成功要付出的是更多的努力，少的努力对成功无济于事，这是错误的看法。也许别人之所以成功，而你之所以失败，是因为别人愿意在小处努力，找到这个缺点，也就找到成功的钥匙。

我们想要成功就必须付出努力。我们每个人都知道，成功是个艰难的过程，只有有勇气、有恒心、有信心的人，肯为成功付出血汗的人，才能获得成功。

人生路漫漫，然而奋斗的日子却非常苦短，我们要抓住每一次机会，为之付出真诚的努力，成功才会慢慢地青睐我们。所以，无论我们现在处于什么样的阶层，都要努力地、用心且细致地去工作。这样才能得到领导的赏识、同事的认可，才能有升职的机会，这样我们才能实现自己的梦想。

2. 奋斗并不是为了挣钱，更是为了让自己更出色

成功人士的眼光都是超前的，而一般人太计较眼前得失，可能会因此失去很多机会。一般员工的眼睛往往只会紧盯在薪水上，而看不到这以外的东西。虽然任何人都离不开金钱，在职场上的人不可能不考虑薪水，但是眼睛只盯着钱的人，斤斤计较，绝不会想多做一点。一旦薪水不在他们的理想状态，就会敷衍了事。

有很多人在上班的时候总喜欢“忙里偷闲”，他们要么上班迟到、早退，要么在办公室与人闲聊，要么借出差之名游山玩水……这些人也许并没有因此被开除或扣减工资，但他们会落得一个不好的名声，也很难获得晋升的机会。倘若他们想转换门庭，也不会有其他人对他们感兴趣。一个人倘若总是为自己到底能拿多少薪水而大伤脑筋的话，他又怎么能看到薪水背后可能获得的成长机会呢？他又怎么能意识到从工作中获得的技能和经验，对自己的未来将会产生多么大的影响呢？这样的人只会无形中将自己困在装着薪水的信封里，永远不会知道自己真正需要的是什么。

那些不满于薪水低而敷衍了事的人，固然对老板是一种损害，但是

长此以往，无异于使自己的生命枯萎，将自己的希望断送，一生只能做一个庸庸碌碌、心胸狭隘的懦夫。他们埋没了自己的才能，湮灭了自己的创造力。

因此，面对微薄的薪水，你应该明白：雇主支付给你的工作报酬固然是金钱，但你在工作中给予自己的报酬，乃是珍贵的经验、良好的训练、才能的表现和品格的建立。这些东西与金钱相比，其价值要高出千万倍。

人们往往都羡慕那些优秀人士所具有的创造能力、决策能力以及敏锐的洞察力，但是他们也并非一开始就拥有这种卓越的能力，而是在长期工作中积累和学习到的。在工作中他们学会了了解自我，发现自我，使自己的潜力得到充分的发挥。

工作所给你的，要比你为它付出的更多。倘若你将工作视为一种积极的学习经验，那么，每一项工作中都包含着许多个人成长的机会。

不为薪水而工作，工作给予你的将远远超过你所付出的。倘若你一直努力工作，一直在进步，你就会有一个良好的、没有污点的人生记录，使你在公司甚至整个行业拥有一个好名声，良好的声誉将陪伴你一生。

工作占据了我们生命中的大部分时间。工作是人生运转自如的转轴，影响着人的一生。倘若我们在工作岗位上得不到尊严与快乐，那么我们的人生只能是暗淡无光、毫无生机。如果工作没有尊严与意义，我们的人生又怎能幸福快乐？

为了薪水而工作，工作将没有任何意义，但为自己工作，工作能带给你轻松愉快的心情，而且人们也会更加重视你，仰慕你。因为你的付出带给别人快乐，使别人从中获得利益，也实现了你自己的人生价值。

有个人，衣不蔽体，食不果腹。有一天，恰巧有个富人经过看到了他，顿时起了怜悯之心，决定帮这个人致富。

富人给了他一头牛，嘱咐他先开垦荒地，等到春天来了再播种，经过春、夏的耕种后，到了秋天就可以收获了。这个人十分高兴，他认为他摆脱“穷”这个字的时机终于到了，富人走后他就开始奋斗了。

没过几天，他觉得要开荒养牛，日子会过得更艰辛，想想与其这样辛苦，不如找一个更容易赚钱的机会。他把牛卖了，买了几只羊，觉得这样羊生小羊，那样便能够赚更多的钱。养了几天后，他想想自己这么勤劳，应该奖赏一下自己吧！已经这么久没开荤了，于是他杀了一只小羊。羊肉的滋味果然很鲜美，让他忍不住又杀了几只。

他想这样下去可不行，于是他转念一想，为什么不改为养鸡呢？鸡生蛋的速度可快得多了。于是他卖了羊，改为养鸡，可是养鸡的日子也非常艰辛，他犒劳自己又杀了几只鸡，为了不断地提高自己的生活水平，他不断地杀鸡，最后只剩一只了，他觉得致富的理想瓦解了，一只鸡能起什么作用呢？他杀了最后一只鸡。

当后来那个富人兴冲冲地赶过来看这个人过得怎样时，他十分吃惊地发现他还是那样，牛没了，依旧是穷困潦倒，食不果腹。富人失望地走了，再也没有回来。

为什么会这样呢？原来，他只顾暂时的吃饱喝足的愉悦，满足于现状，放弃对未来目标的追求，停下了前进的脚步，看不到坚持下去的美好未来。

在现实生活中，我们很多人都像那个人，总是把眼光放得太近，而且太容易满足。就像麻雀只能在低空盘旋，而苍鹰就可以在蓝天翱翔。因为它们展翅高飞，义无反顾，不管路途有多遥远，不管遭遇多少困难，都不会偏离航向，一直奋力往前飞，直到目的地。中国香港著名推销商冯两努曾说："世界会向那些有目标和远见的人让路。"

成功人士的眼光都是超前的，而一般人太计较眼前得失，可能会因此失去很多机会。一般员工的眼睛往往只会紧盯在薪水上，而看不到这以外的东西。虽然任何人都离不开金钱，在职场上的人不可能不考虑薪水，但是眼睛只盯着钱的人，斤斤计较，绝不会想多做一点。一旦薪水不在他们的理想状态，就会敷衍了事。在生活中，我们大部分的时间是和工作连在一起，所以，我们一定要好好地工作。

无论你是辽阔蓝天上飞行的小麻雀，还是喜鹊，都应要求自己具备苍鹰一样锐利宽广的视野，才能立于不败之地。

3. 今天不努力，明天只能空对时光悲伤

在人生的道路上，你停步不前，但有人却在拼命赶路。也许当你站立的时候，他还在你的后面向前追赶，但当你再回头观望时，已经看不到他的身影了，因为他早已经跑到你的前面了，现在则需要你来奋力追赶他了。所以，你不要停下前进的脚步，你要不断地向前冲锋，从而不断地超越自己。这样做的结果就是使自己能够不断地进步，最终达到胜利的彼岸。

“我只拿这点钱，凭什么去做那么多工作，我干的活对得起这些钱就行了。”“我们那个老板太抠门了，只给我们开这么点儿工资。”“还有，经理干的活也不比我多多少啊，可他的薪水比我高出很多，他拿得多，他就应该干得多，我只要对得起这份薪水就可以了，少一点我都不干。”

一般情况下，许多企业员工都会有这样的抱怨。抱怨公司的老板；抱怨工作时间过长；抱怨公司管理制度过严……有时，抱怨的确能够赢得一些善良人的宽慰之辞，使自己的内心压力暂时得到一定的缓解。同时，口头的抱怨就其本身而言，不会直接给公司和个人带来经济损失。

但是，持续的抱怨会使人的思想摇摆不定，甚至在工作上敷衍了事；抱怨使人思想肤浅，心胸狭窄，一个脑袋里装满抱怨的人是无法容纳未来的，这只会使他们与公司的理念格格不入，要使自己的发展道路越走越窄，最后一事无成，只好被迫离开。看看我们周围那些只知抱怨而不努力工作的人，他们从不懂得珍惜自己的工作机会。

他们不懂得，丰厚的物质报酬是建立在认真工作的基础上的；他们更不懂得，即使薪水微薄，也可以充分利用工作的机会提高自己的技能。他们在日复一日的抱怨中，随着岁月的增长技能却没有丝毫的长进。最可悲的是，抱怨始终没有清楚地认识到一个残酷的现实：在竞争日趋激烈的今天，工作机会来之不易。不珍惜工作机会，不努力工作而只知抱怨的人，总是排在被解雇者名单的最前面，不管他们的学历是否很高，他们的能力是否能够满足基本的工作要求。

有一年，我给青岛一家企业做管理咨询业务，当时企业缺人，所以需要招聘大量的大学毕业生。但是，因为考虑到应届生没有工作经验，所以给这些毕业生的职位和待遇都不高。他们都需要从基础做起，从一般工人开始。所以，虽然刚发出招聘广告的时候收到了很多简历，但是很多大学生问过之后都不愿意做。他们都认为，我一个大学毕业生来做个一般工人，太掉价了。所以到最后，只有两个人留了下来。这两个人一个叫小林，一个是小梁。当时我就问："你们为什么愿意做这个工作呢?"小林说："反正现在工作也不好找，先找这个凑合着干吧。有工作总比没工作强，骑驴找驴总比饿着强。"小梁说："我虽然是大学生，但是我一点工作经验都没有，我只有从头做起，才能根基扎实，走好人生的每一步。"

上班之后，这两人的区别就出来了。小林上班懒懒散散，每天工作敷衍了事。一次，两次，三次，老板认为他刚从学校毕业，缺乏锻炼，再加上大家都知道工作不好找，便原谅了他。然而，小林从内心深处看不起自己的工作，总认为和自己的身份不匹配。每天都在得过且过地应付着工作。

结果，刚干满3个月，他便彻底断绝了继续干这份工作的念头，辞了职，又回到社会上，重新开始找工作。

相反，小梁在工作中，抛弃了自己作为大学生——高等学历拥有者的身份，完全把自己当作一名普通工人，认认真真做好自己的每一项工作。

半年后，领导便安排他给一些高级技工当学徒。因为工作积极，认真勤快，一年后，他成为一名高级技工。尽管如此，他依然抱着一种积极的态度，在工作中不断进取，认真负责。两年后，他便成为总经理助理。

更巧的是，有一次小梁代表企业去招聘会招人，看见小林也在招聘会上，不同的是，小林是去找工作的。原来他从这家企业出去后，一直觉得没有合适的工作，所以一直在辞职—找工作的过程中。

此时此刻，不知道小林会是一种什么样的心情？是从自身找原因还是感叹机遇不公呢？也许，倘若他懂得珍惜原来的工作机会，努力工作，今天就不需要这样努力地去找工作了。“今天工作不努力，明天努力找工作”，这句话现在已成为上班的“警世良言”了，在意的人牢牢记在心里，并付诸行动默默地努力工作，而我行我素者则不在乎，今天不努力工作是容易做得到的，明天努力找工作却是很难做得到，与其明天努力找工作，不如今天好好努力工作。

努力工作是为了更好地履行当家做主的权利，同时也更好地实现自己的价值。只有勤奋工作、苦心钻研，才能获得更高的收益，才能更好地实现个人的自我价值。倘若你不能够努力工作，对工作敷衍了事，得过且过地活着，仅仅只为了每个月月底的那点工资，那么明天恐怕你只能对着岁月独自悲伤了。

事实确实如此，在人生的道路上，你停步不前，但有人却在拼命赶路。也许当你站立的时候，他还在你的后面向前追赶，但当你再回头观望时，已经看不到他的身影了，因为他早已经跑到你的前面了，现在则需要你来奋力追赶他了。所以，你不要停下前进的脚步，你要不断地向前冲锋，从而不断地超越自己。这样做的结果就是使自己能够不断地进步，最终达到胜利的彼岸。

倘若你仅仅只为目前的成绩骄傲自满时，请记住，今天不努力，明天只能空对时光悲伤。

4. 用生命去做你想做的事，方不负这美好的青春

不论做什么事情，都一定要竭尽全力，这种精神的有无将会决定一个人日后事业上的成功与失败。一个人工作时，倘若能够以生生不息的精神、火焰般的热忱充分发挥自己的特长，那么不论所做的工作怎样，都不会觉得劳苦。倘若我们能够以充分的热忱去做最平凡的工作，也将会成为最精巧的工人；倘若以冷淡的态度去做最高尚的工作，也不过是平庸的工匠。如果能处处以主动、努力的精神来工作，那么即使在最平庸的职业中，也能增加他的威望和财富。

工作不是我们为了谋生才做的事，而是我们要用生命去做的事。其实，工作就是付出努力。没有卑微的工作，只有卑微的工作态度，而工作态度完全取决于我们自己。

工作是上天赋予的使命。把自己喜欢的并且乐在其中的事情当成使命来做，就能发掘出自己特有的能力。其中最重要的是能保持一种积极的心态，即使是辛苦枯燥的工作，也能从中感受到价值，在你完成使命的同时，会发现成功之芽正在萌发。

倘若一个人轻视自己的工作，而且做得十分粗陋，那么他决不会尊

敬自己。倘若一个人认为他工作辛苦、烦闷，那么他的工件决不会做好，这一工作将不能发挥自己的特长。在社会上，有许多人不尊重自己的工作，不把自己的工作看成创造事业的要素和发展人格的工具，而视为衣食住行的供给者，认为工作是生活的代价、是不可避免的劳碌，这是多么错误的观念啊！常常抱怨工作的人，终其一生是不会有真正意义上的成功的。

一个人对工作所持的态度，和他本人的性情、做事的才能有着密切的关系。要看一个人能否达成自己设定的目标，只要看他工作时精神和态度就可以了。倘若某人做事的时候，感到受了束缚，感到所做的工作劳碌辛苦，没有任何趣味可言，那么他决不会做出伟大的事业。

不论做什么事情，都一定要竭尽全力，这种精神的有无将会决定一个人日后事业上的成功与失败。一个人工作时，倘若能够以生生不息的精神、火焰般的热忱充分发挥自己的特长，那么不论所做的工作怎样，都不会觉得劳苦。倘若我们能够以充分的热忱去做最平凡的工作，也将会成为最精巧的工人；倘若以冷淡的态度去做最高尚的工作，也不过是平庸的工匠。如果能处处以主动、努力的精神来工作，那么即使在最平庸的职业中，也能增加他的威望和财富。

不管你的工作看起来是怎么卑微，你都应当付诸以艺术家的精神，应当有十二分的热忱。无论如何，都不允许对自己的工作表示厌恶。厌恶自己的工作，最终也会遭到工作的厌恶。假如你为环境所迫而做一些乏味的工作，你也应当设法从这些乏味的工作中找出乐趣来。要知道，凡是应当作而又必须做的事情，总能找出事情的乐趣。

一位心理学家在一项研究中，为了实地了解人们对于同一个工作在心理上所反映出来的个体差异，来到一座正在建筑中的大教堂，对现场忙碌的敲石工人进行访问。心理学家问他遇到的第一位工人："请问您在做什么？"

工人不耐烦地回答："在做什么？你没看到吗？我正在用这个重得要命的铁锤，来敲碎这些该死的石头。而这些石头又非常硬，害得我的手酸麻不已，这真不是人干的工作。"

心理学家又找到第二位工人："请问您在做什么？"

第二位工人很无奈地答道："为了每天500美元的工资，我才会做这件工作，假如不是为了一家人的温饱，谁愿意干这份敲石头的粗活？"

心理学家问第三位工人："请问您在做什么？"

第三位工人眼光中闪烁着喜悦的神采："我正参与兴建这座雄伟华丽的大教堂。落成之后，这里可以容纳许多人来做礼拜。虽然敲石头的工作并不轻松，但当我想到，将来会有无数的人来到这儿，在这里接受上帝的爱，心中就会激动不已，也就不感到劳累了。"

同样的工作，同样的环境，却有如此截然不同的感受。

第一种工人，是完全无可救药的人。可以设想，在不久的将来，他可能不会得到任何工作的眷顾，甚至可能会成为生活的弃儿，完全丧失了生命的尊严。

第二种工人，是没有责任感和荣誉感的人。对他们抱有任何指望肯定是徒劳的，他们抱着为薪水而工作的态度，为了工作而工作。他们绝不是企业里最值得信赖、最可以委以重任的员工，必定得不到升迁和加薪的机会，也很难赢得社会的认可。

倘若我们的工作能够引导我们逐步接近那种能充分表现我们的才能和性格的境况，这样的工作应该就是最令人满意的工作了。在短短的一生中，我们正是为了获得某些东西或成就自我，为了拓宽、加深、提高上天赋予的技能，将身心全面发展成为一个匀称、和谐和美丽的人，我们才会专注于一个方向，并在那个方面付出不懈的努力。

工作是一个施展自己能力的舞台。我们寒窗苦读来的知识，还有应变力、决断力、适应力以及协调能力都将在这样的一个舞台上得到展示。除了工作，没有哪项活动能提供如此高度的充实感、表达自我的机会、个人使命感以及一种活着的理由。很多时候，工作的质量往往决定生活的质量。

一个人所做的工作是他人生态度的表现，一生的职业，就是他志向的表示、理想的所在。所以，了解一个人的工作态度，在某种程度上就是了解了那个人。

因此，美国前教育部部长、著名教育家威廉·贝内特曾说过这样一句话，工作是我们要用生命去做的事。

或许在过去的岁月里，有的人时常怀有类似第一种或第二种工人的消极看法，每天常常谩骂、批评、抱怨、四处发牢骚，对自己的工作没有丝毫激情，在生活的无奈和无尽的抱怨中平凡地生活着。

可是，过去已经成为过去。面对今天，我们应该如何来做好手上的工作呢？正确的态度是：像第三种工人那样，为拥有一个工作机会而心怀感激，为生命的尊严和人生的幸福而努力工作。

其实，很多事情在一开始就已经注定了，同很多事情在一开始就可以避免一样，这就是态度，倘若你一开始就抱着这样的态度——我只是来打工的，为了拿到每个月的薪水，我必须完成自己的本职工作，但其他的一切与我无关，那你最后一定连每个月的足额薪水都领不到；而倘若你把工作看成是自己的事业，用生命去做你想做的任何事情，那你的成就很可能会超出自己的预期。

但是，并不是谁都是一开始就明白这个道理的，很多人是在得到一次教训后，才会改变自己以前在工作上散漫、敷衍的态度的。然而，有时候人们为此付出的代价却是十分高昂的。

一个人一旦养成了不“用心”做事的恶习，做起事来往往就会不诚实。这样，人们最终必定会轻视他的工作，从而轻视他的人品。敷衍地工作，不但降低了工作的效能，而且还会使人丧失做事的才能。所以，不“用心”做事的态度，实在是摧毁理想、堕落生活、阻碍前进的最大拦路石。

要实现梦想的最佳方法，就是在工作时，抱着非做不可的决心，要抱着追求尽善尽美的态度。而所有为人类创立新理想、新标准，有重大发明创造、为人类创造幸福的人，都是具有这样素质的人。而那些无论做什么事，都只是做到“差不多”就止步，或者甚至就半途而废的人，首先表明他根本就没有“用心”做事，更重要的是表明他是一个不负责任的人，那也注定了他必将失败的人生命运。

5. 在成功的路上努力奋斗，你会不知不觉地富有

没有努力奋斗，就没有财富。在通往成功的路上，当机遇悄悄地降临在你身边时，你要积极主动地去迎接它，绝不能够盲目地、消极地等待，那样只会白白地浪费时间与生命。

在现实社会中，可能有些生活上比较艰难不如意的人，他们的世界成天被抱怨、痛恨、敌视等不良念头占据着。他们认为这个社会对自己不公平，或者是老板对自己不器重，或者是自己的父母无权又无势，没有办法给他们创造一个美好的未来，但是他们却不从自身去寻找原因。因为他们总是很难意识到这一点。而且，极不愿意地去仔细想想自己生活得这样糟糕，和自己主观上有什么关系，也不想想自己下一步应该怎么办。

事实上，那些拥有世界上最好命运的，都是积极奋勇努力的人。我们不能决定自己的出生，但我们却能决定自己将来的一生。拼命努力的人，手上都握着通往好运的金钥匙。面对挫折、不幸，我们唯一能做的事情就是反思，然后积极努力。

当你走在一条陌生的道路上，你要走你认为对的路。因为路是由自

己选择的。只有走下去才知道他正确不正确。谁都不知道明天会发生什么，但只有行动才能决定下一秒你的未来。勇敢地去设想自己的目标，然后一步步地去努力，那么你会在通往成功的路上毫不知觉地变得富有。

皮尔卡丹出生于意大利威尼斯的一个贫困的农村家庭。他以自己的聪明才智和双手，以丰富的想象力和不断创新精神，实现了“执法兰西文明的两大牛耳（时装，烹饪）”的诺言，从而把财富紧紧握在自己手中。

皮尔卡丹的父母靠种植葡萄和在山里凿冰为生。很小的时候，皮尔卡丹就对服装设计感兴趣，这让纯正的农民父母感到非常惊奇。

7 岁那年，在一个夏天的午后，皮尔卡丹来到街心花园玩耍。他看见一个小女孩把一个布娃娃丢在了草坪上。卡丹走过去把娃娃捡了起来，它竟是新的，只是裙子的颜色有些陈旧。他心里想：我一定要为它做一件颜色无比漂亮的新裙子。可是当卡丹兴致勃勃地回到家里时却遭到母亲的严厉呵斥，因为家里没有钱给他买玩具，妈妈以为儿子拿了别人的东西。直到卡丹说出实情，妈妈才知道自己错了，她便给卡丹找来好多好看的碎花布，让可爱的儿子充分发挥想象。幼小的卡丹花了整整 1 个小时，给布娃娃做了一件非常艳丽的裙子，它成了卡丹最喜欢的玩具。可是后来，当卡丹再次遇见那个丢弃娃娃的富家女孩时，还是把娃娃还给了她。那个女孩不敢相信这个漂亮无比的娃娃曾是自己丢掉的那个娃娃，她用吃惊和崇拜的眼光看着眼前的小男孩。皮尔卡丹第一次知道，原来做一件衣服，可以得到富家女孩的尊重。

8 岁时，皮尔卡丹在圣莱第昂这个陌生而又孤独的环境下，把一切的时间专注于服装设计上。卡丹的卧室里堆着许多画满了各种新奇服装的草稿，但他的学习成绩却很不理想。小学毕业之后，卡丹独自找了一家小裁缝店去当学徒。

皮尔卡丹对这个工作非常喜爱，十分投入。靠自己的天赋及不懈的努力，两年后他的手艺和设计水平已经超过了师傅。于是他开始设计华丽高雅、款式富于变化的舞台服装，可是不久，皮尔卡丹便感觉到圣莱第昂的世界太小已无法尽展自己的才华，于是，他决定去巴黎。

不幸的是，当时第二次世界大战爆发了，巴黎笼罩在一片战火之中，皮尔卡丹去巴黎的梦想破灭了。有一天，皮尔卡丹偶尔遇见了一位伯爵夫人，当她得知这个时髦小伙子的外衣都是由他自己设计的时候，她非常震惊。随即，伯爵夫人告诉皮尔卡丹一个好消息，“小伙子，战争结束了，你可以去巴黎了，去找巴黎帕坎女式时装店的经理，她会让你成为富有的人。”

帕坎女式时装店是巴黎一家非常著名的时装店。店老板亲自接见了皮尔卡丹，并对他进行面试。卡丹的裁缝手艺和设计水平远远超出了他的预想，于是，他决定聘用卡丹。很快，卡丹的名字在名媛巨贾中流传开了，卡丹在一夜之间成了巴黎服装设计行业的新星。不久，他结识了著名的艺术家科克托和让·马雷，他俩成了卡丹一生中最重要的两位朋友，也正是在这两位朋友的鼓舞下，皮尔卡丹开始了最初的经营活动。

1953 年的第一次个人设计时装展览，让皮尔卡丹走上了成功之路。其中的一件红色羊驼毛大衣让所有的参观者流连忘返。它也成了卡丹手中最早扬名的时装。

皮尔卡丹的创新意识不仅表现在设计上，在经营上也很有独特的见解。他看到战后的法国妇女走出家庭，开始参与各种社会活动，并且对高级时装非常渴望。但在 20 世纪 50 年代初，在巴黎包括卡丹服装公司在内的25家高级服装公司，只面对王室贵族服务，他们的顾客全世界也就3000多人，不少服装只生产一件。这时皮尔卡丹毅然提出“成衣大众化”的口号，他要为大众设计成衣，从而推出了一系列风格高雅、物美价廉的成衣。这一革命性的创造，打破了服装界的森严壁垒和社会等级，同时也引起了很多同行的强烈不满，巴黎时装界群起而攻之，说他离经叛道，指责他违背约定俗成的规矩。最后，思想保守而落后的同行们竟联手把卡丹逐出了巴黎时装辛迪加。

卡丹被逐出巴黎时装辛迪加之后，仍然义无反顾地向自己的目标迈进，他不仅没有放弃对时装大众化的创作，反而开始向时装世界进军。此前，法国时装业完全是女装的天下，根本没有男装的立锥之地。谁也没想到，这个保持数百年的传统却被这个来自意大利的小伙子大胆地打破了。保守人士纷纷发难，进步人士则大加赞扬。一时间，谁也不知道这位敢为天下先者的道路是否正确。

在人生的岔道路口，卡丹毫不退缩，他一往无前地在服装艺术的舞台上尽情施展自己的才华。卡丹举办了一次借贷展销，这一充满极大风险的时装商业活动，对时装业意义重大，他想通过此举来推进时装大众化进程。然而，这次展销却没有成功，巴黎时装业的保护组织行会视其行动为大逆不道，有损行会形象，因此毫不留情地把卡丹一脚踢出。

卡丹设计的流行服装色泽鲜艳、线条明快，具有时代感、青春感。他把法国时装从刻意追求华贵和珠光宝气的沉闷中解放出来，为迈向现代化的法国披上了轻捷的时装，头脑觉醒的人们意识到法国时装业的“卡丹时代”已经到来。

由于卡丹的成功，法国服装业行会在所有会员的要求下，屈驾把代表法国时装业发展趋势的卡丹请回来，并请他出任行会的主席。担任主席后，卡丹开始对法国服装业呆板的经营模式进行改革。他首次在法国倡导转让设计和商标，利润提成7%～10%的经营方式。这一经营方式不仅推动了法国时装业的发展，还把法国的设计艺术推向了一个新的高潮，为巴黎时装在世界时装的地位的弘扬做出了极大的贡献。

卡丹的许多时装设计都别具一格，被推举为最创新、最美丽和最优雅的代表作，他先后三次荣获世界时装的最高荣誉大奖——金顶针奖。卡丹永远不会满足自己的成就，他除了设计时装之外，还为美国“凯迪拉克”牌豪华轿车设计过流线型车身，为大西洋飞机公司设计过小型私人飞机的造型。

在法国最著名的爱丽舍宫旁，耸立着闻名于世的“卡丹帝国”。这是一个由超级商场构成的超级商业群，这里的大部分商品出自卡丹之手，皮尔·卡丹就在这个自己创造的服装世界里安享晚年。

从出身穷苦的小孩子到国际闻名的时装大师，从不名一文到拥有服装商界帝国，这一切都掌握在皮尔·卡丹的手中，尽管历尽千艰万难，千辛万苦，但他坦然处之，终成大业。当然，在成就了一番伟大的事业时，你也会收获滚滚财源。因为财富永远是和奋斗努力紧密相关的。试想一下，倘若没有奋斗与付出，怎么会有收获呢？

所以，我们要为自己制定一个切实可行的目标，然后再一步步地去为之努力，相信你会在通往成功的道路上变得越来越富有。

没有努力奋斗，就没有财富。在通往成功的路上，当机遇悄悄地降临在你身边时，你要积极主动地去迎接它，绝不能够盲目地、消极地等待，那样只会白白地浪费时间与生命。机遇的降临总是有一个过程，它会以不同的形式出现，有时候是希望的曙光，而有时候却是无尽的阴霾。可是，很多人没有一双善于发现和创造的眼睛，他们只是一味地消极等待希望的曙光，却不懂得怎么从平凡甚至是危机中发现创造机会的条件。

其实，我们应该用自己的智慧创造机会，然后迅速地抓住机会。只有抓住了机会，才能抓住财富。因为机会与财富是连在一起的。

有才能的人总是利用一切时机，而不肯放过任何可以增加成功机会的可能性；而比较笨拙的人往往拟订大量计划，却由于轻视或忽视良机而输个精光……利用良机对于庸才来说，从来就是一个秘密，而这正是比一般水平高出一筹的人的主要力量所在。“时机”对于每个人来说都是平等的。成功总是属于那些善于识别时机、抓住时机、利用时机的人。当你学会了掌握时机的本领时，并且为之付出艰辛的努力，那么相信你会在走向成功的路上获得越来越多的金钱，与此同时，你也会收获越来越多的精神财富。

6. 努力奋斗的意义是想使当初的选择变得正确

人们常常说，一个没有梦想的民族是悲哀的，一个没有梦想的人亦是悲哀的。当一个人没有自己明确的奋斗目标时，生活将会变得毫无意义与价值可言。在这个世界上，每个人都有这样那样的梦想，可是能够为梦想坚持不懈努力的人却少之又少。所以，作为一个有志向的人应该早日为自己定下目标，然后再向着目标不断前进，不管遇到什么艰难险阻，我们都应该心怀梦想并且为之不断地努力奋斗，从而让自己当初的选择变得正确。

在这个世界上，有的人富可敌国，春风得意；有的人却四壁空空，穷困潦倒；有的人一帆风顺，功成名就；有的人却命途多折，郁郁而终；有的人呼婢使佣，美女香车；有的人忙忙碌碌，苦苦挣扎。大千世界每个人走着不一样的人生历程。于是，当我们心情郁闷的时候，我们就用一个词来安慰自己——命运。

有人是这样认为的，人从呱呱落地，就注定一生将扮演一个什么样的角色。当高官也好，做乞丐也罢，一切皆是命运的安排。在生活中，当人们对事也做了一番努力后，无法收获成功，就会感叹：认为自己命运不佳，得不到上帝的宠爱。于是屈服于命运，眼睁睁地看着幸福与自己擦肩而过。这种态度是极其错误的。

在短短的一生中，每个人都会遇到各种各样的挫折与不幸。其实，这是再正常不过的事情。因此当困难降临时，请不要选择退缩，更不要灰心丧气，而要大胆地向前去迈进，用智慧去克服一个又一个障碍，相信总有一天你会收获成功的果实。当然，此时此刻你会觉得自己在做一件生命里最有意义的事情。

其实人生就是一盘棋，而与你对弈的是命运。即便命运在棋盘上占尽了优势，即使你剩下一炮的残局，你也不要推盘认输，而要笑着面对，坚持与命运对弈下去，坚信总会收获到意外的惊喜！当成功降临时，我们才会为自己曾经的努力而庆幸不已，才会为自己曾经的坚持不懈而骄傲不已。原来，我当初的选择与努力是极其正确的。

早在300多年前，著名科学家牛顿曾说："无论做什么事情，只要肯努力奋斗，是没有不成功的。"如今，几个世纪过去了，这个关于奋斗的"定论"，一直在以不同形式的版本不断得到印证，成为我们生活中自我发展的金律。

很多成功人士之所以成功，不在于拥有多么雄厚的资金，不在于创办了多大规模的企业，不在于获得多高的职位，而在于通过努力、奋斗和坚持，最终实现了许多人认为不可能做成的事。有人为了生活而奋斗，有人为了理想而奋斗，有人为了实现自我价值而奋斗……事实也无数次证明，只有奋斗才能改变命运。

时代发展浩浩汤汤，只有靠个人奋斗而改变的生活轨迹，才能够绘出一幅波澜壮阔的完美蓝图。从这些奋斗者身上，我们究竟该学些什么？

有人曾说过，市场中平庸之人缺什么：表面缺资金，本质缺野心，脑子缺观念，机会缺了解，骨子缺勇气，改变缺行动，事业缺毅力。这或许是对每一位想通过奋斗改变命运的人最好的提醒。

有句话是这么说的："根本没有正确的选择，我们只不过是要努力奋斗，使当初的选择变得正确。"

人们常常说，一个没有梦想的民族是悲哀的，一个没有梦想的个人亦是悲哀的。当一个人没有自己明确的奋斗目标时，生活将会变得毫无意义与价值可言。在这个世界上，每个人都有这样那样的梦想，可是能够为梦想坚持不懈努力的人却少之又少。所以，作为一个有志向的人应该早日为自己定下目标，然后再向着目标不断前进，不管遇到什么艰难险阻，我们都应该心怀梦想并且为之而不断地努力奋斗，从而让自己当初的选择变得正确。

7. 不懈努力，让明天的你感激今天拼命的自己

你的目标永远是为未来所设定的，你在为自己的未来做出一个抉择。当然，过去是不等于未来的。过去你成功了，但绝不代表未来还会成功；过去失败了，但并不代表未来就要失败。过去的成功或是失败，那只能代表过去，未来是由现在来决定的。

在生活中，每一个人或多或少都会获得成功。那么，他们取得成功的原因是什么呢？

成功的原因可能在于自身的天分，也可能是对自身能力的信心，也可能是自己幸运。但是这些都不是必要的原因，最重要的是不懈地努力。

大发明家爱迪生曾说：“天才是百分之一的灵感，加上百分之九十九的血汗。”这说明天分并不是最重要的，可以凭借自身的不懈努力来弥补一部分的天分。信心也不是最重要的，你再有信心，没有能力也是无法成功。而运气则更是次要的，只有在强强对决时，才能发挥作用。

每个人都渴望能够成就一番事业，都会在通往成功的道路上遇到各种各样的困难。但是，倘若我们在挫折降临时，怯懦地退缩不前，那么

等待自己的只能是失败。但是，倘若我们在遇到灾难时，能够坚强乐观地以微笑来迎接，以坚持不懈的精神来挑战困境，那么成功将会离你越来越近。

成功没有秘诀，贵在坚持不懈。任何伟大的事业，成于坚持不懈，毁于半途而废。其实，世间最容易的事是坚持，最难的，也是坚持。说它容易，是因为只要愿意，人人都可以做到；说它难，是因为真正坚持下来的，终究只是很少的一部分人。巴斯德曾这样说："告诉你使我达到目标的奥秘吧，我唯一的力量就是我的坚持精神。"由此可见，不管做什么事情都应该坚持。只有如此，当你到了暮年的时候，仔细想起来便会发现：原来，我没有虚度如此美好的年华，自己的整个生命都充满价值。

1832 年，林肯失业了，这让他很悲伤难过，但他下定决心要当政治家，当州议员。糟糕的是，他竞选失败了。在一年里遭受两次打击，这对他来说无疑是痛苦的。接着，林肯着手自己开办企业，可一年不到，这家企业又倒闭了。在以后的 17 年间，他不得不为偿还企业倒闭时所欠的债务而到处奔波，历经磨难。

随后，林肯再一次决定参加竞选州议员，这次他成功了。这时，他认为生活开始有了新的转机。所以，他对自己说：可能我可以成功了！

1835 年，他订婚了。但离结婚的日子还差几个月的时候，他的未婚妻不幸去世。这对他精神上的打击实在太大了，他心力交瘁，数月卧床不起。1836 年，他得了精神衰弱症。

1838 年，林肯觉得身体良好，于是决定竞选州议会议长，可他又一次失败了。1843 年，他又参加竞选美国国会议员，但这次仍然没有成功。林肯虽然一次次地尝试，但却是一次次地遭受失败：企业倒闭、情人去世，竞选败北。倘若你遇到这样的事情，你会不会放弃？放弃这些对你来说是重要的事情？

可是林肯没有放弃，他也没有说：要是失败会怎样？

1846 年，他又一次参加竞选国会议员，最后终于当选了。两年任期很快过去了，他决定要争取连任。他认为自己作为国会议员表现是出色的，相信选民会继续选他。但是结果很遗憾，他落选了。

因为这次竞选他赔了一大笔钱，林肯申请当本州的土地官员。但州政府把他的申请退了回来，上面指出：做本州的土地官员要求有卓越的才能和超常的智力，你的申请未能满足这些要求。

接连又是两次失败。在这种情况下你会坚持继续努力吗？你会不会说：我失败了？

然而，林肯没有服输。1854 年，他竞选参议员，但是又失败了；两年后他竞选美国副总统提名，结果却被对手击败；又过了两年，他再一次竞选参议员，还是失败了。然而林肯一直没有放弃自己的追求，他一直在做自己生活的主宰。1860 年，他当选为美国总统。

其实，我们应该明白：坚持一下，成功就在你的脚下。一个人想要做一番事业，都要能够坚持下去，坚持下去才能够取得成功。说起来，一个人克服一点困难并不是一件十分艰难的事情，难得是能够持之以恒地做下去，直到最后成功。

在一般情况下，过去可以决定现在，但是绝对不能够决定未来。你的目标永远是为未来所设定的，你在为自己的未来做出一个抉择。当然，过去是不等于未来的。过去你成功了，但绝不代表未来还会成功；过去失败了，但并不代表未来就要失败。过去的成功或是失败，那只能代表过去，未来是由现在来决定的。

现在怎么做，就决定了未来将会是什么。失败的时候，请不要气馁，成功的时候，也千万不要骄傲。成功与失败都不是最终的结果，它只是人生中的一个小插曲而已。因此，这个世界上不会有一直成功的人，也不会有永远失败的人。在现实生活中，一个绝境就是一次挑战、一次机遇，倘若你不是被吓倒，而是奋力一搏，也许你会因此而超越自我。当然，关键还在于你到底有没有坚持到底。倘若你为自己的理想而进行了不懈的努力，并且始终以坚强的意志来克服各种各样的困难，那么相信明天的你一定会感激现在拼命的自己的。